600 MW Unit
Commissioning Technology and
Typical Problem Handling

600 MW机组
调试技术及典型问题处理

西安热工研究院有限公司　组编

西北大学出版社
·西安·

图书在版编目（CIP）数据

600MW 机组调试技术及典型问题处理 / 西安热工研究
院有限公司组编. -- 西安：西北大学出版社，2024.
11. -- ISBN 978-7-5604-5530-3

Ⅰ. TM621.3

中国国家版本馆 CIP 数据核字第 20241YT194 号

600 MW机组调试技术及典型问题处理

600 MW JIZU TIAOSHI JISHU JI DIANXING WENTI CHULI

西安热工研究院有限公司　　组编

出版发行　西北大学出版社

（西北大学校内　邮编：710069　电话：029-88303059）

http://nwupress.nwu.edu.cn　　E-mail: xdpress@nwu.edu.cn

经　　销	全国新华书店	
印　　刷	西安博睿印刷有限公司	
开　　本	787 毫米×1092 毫米	1/16
印　　张	8.75	

版　　次	2024 年 11 月第 1 版
印　　次	2024 年 11 月第 1 次印刷
字　　数	138 千字

书　　号	ISBN 978-7-5604-5530-3
定　　价	38.00 元

如有印装质量问题，请拨打电话 029-88302966 予以调换。

编委会

主　编

高景辉　伍　刚

副　主　编

赵　晖　闫文辰

参编人员（排名不分先后）

牛　坤　王　涛　张　泉

张明理　蔺奕存　何信林

高　奎　赵如宇　何卫斐

前　言

在能源领域，大型火力发电机组作为电力生产的主力军，其安全、高效、环保运行对于保障国家能源安全、促进经济可持续发展具有不可估量的价值。随着科技的不断进步和环保要求的日益严格，600 MW 超临界、超超临界机组已成为当前火力发电领域的主流机型，它们以更高的发电效率、更低的排放水平及更强的负荷调节能力，引领着火力发电技术的革新与发展。

《600 MW 机组调试技术及典型问题处理》一书的编写，正是基于这一时代背景和技术需求，旨在为从事 600 MW 火力发电机组汽轮机专业调试工作的工程技术人员提供一本实用的参考书，帮助他们解决在调试过程中遇到的各种问题。

本书共分三编，第一编为典型 600 MW 机组调试大纲，内容包括第一章典型 600 MW 机组调试大纲范例；第二编为 600 MW 机组分部试运，内容包括第二章分部试运内容，第三章循环冷却水系统，第四章润滑油系统、顶轴油系统及盘车装置，第五章 EH 油及调节保安系统；第三编为 600 MW 机组整套启动试运及典型事故处理，内容包括第六章机组整套启动试运内容，第七章 600 MW 机组启动试运典型事故处理（一），第八章 600 MW 机组启动试运典型事故处理（二），第九章 600 MW 机组启动试运典型事故处理（三）。

本书的特点在于实用性和可操作性较强。作者根据多年的工程实践经验，对 600 MW 机组调试过程中的各种问题进行了深入剖析，并给出了具体的解决方案，力求为读者构建一个从理论到实践、从问题到对策的完整知识体系。

本书适合从事 600 MW 火力发电机组调试工作的工程技术人员使用，也可供相关专业的师生和研究人员参考。

由于编者水平所限，时间仓促，书中疏漏及不当之处在所难免，敬请读者批评指正。

作者

2024 年 10 月

目 录

I

第三编 600 MW 机组整套启动试运及典型事故处理

第一编　典型 600 MW 机组调试大纲

第一章　典型 600 MW 机组调试大纲范例

第一节　前　言

为确保工作能优质、有序、准点、安全、文明、高效地进行，确保工程能符合"更安全、更可靠、更先进、更经济、更规范、更环保；创国际一流"的"六更一创"要求，使参加调试工作的各方对国产引进型 600 MW 燃煤机组的调试过程及要求有较全面的了解，特制定本调试大纲。

调试大纲是机组启动调试阶段的纲领性文件，通过调试技术纳总和各参建单位的协作配合，贯彻执行调试大纲，最终使整个机组高水平地完成调试工作，高水平地达标投产及工程创优。

本大纲适用于 WX 电厂一期工程（2×600 MW 机组）的整个启动调试过程，调试单位及各参建单位必须遵守本调试大纲。

第二节　工程及设备概况

一、工程概况

WX 电厂一期工程（2×600 MW 机组）的锅炉、汽轮机、发电机组分别由 SH 锅炉厂有限公司、DF 汽轮机有限公司、DF 汽轮发电机有限公司采用引进技术制造。该工程由 JX 发电有限责任公司建设，HD 电力勘测设计研究院设计，XR 电力工程监理咨询公司负责工程施工与调试监理，TA 公司负责设计监理，DY 电建一公司负责 1 号机组的安装，SY 电建公司负责 2 号机组的安装，ST 调试所负责 1 号机组及全厂公用系统调试，XT 调试所负责 2 号机组调试；1 号机组计划于 2023 年 6 月 30 日完成机组调试投入试生产，2 号机组计划于 2023 年 10 月 30 日完成机组调试投入试生产。机组的性能试验由 DK 院负责完成。

二、设备概况

(一) 锅炉

锅炉为 SH 锅炉厂有限公司制造，型号为 SG-2008/17.47-M903，包括亚临界、一次中间再热、固态排渣、平衡通风、四角切圆燃烧、强制循环汽包炉，其主要参数如下：

蒸汽流量：2 008 t/h。

蒸汽压力：17.47 MPa。

主蒸汽温度：540 ℃。

再热蒸汽温度：540 ℃。

给水温度：280 ℃。

排烟温度：131 ℃。

锅炉效率：93.53%。

(二) 汽轮机

汽轮机为 DF 汽轮机有限公司生产的 N600-16.7/537/537 引进型中间再热凝汽式汽轮机组，其主要参数如下：

额定功率：600 MW。

最大连续功率：633.699 MW。

主蒸汽压力：16.67 MPa。

再热蒸汽压力：3.391 MPa。

主蒸汽温度：537 ℃。

再热蒸汽温度：537 ℃。

热耗率：7 788.1 kJ/（kW·h）。

（三）发电机

发电机为 DF 汽轮发电机有限公司制造的 QFSN-600-2 型水氢氢冷却汽轮发电机组，其主要参数如下：

额定功率：600 MW。

额定容量：666.67 MVA 三相。

额定电压：20 kV。

额定电流：19 245 A。

额定转速：3 000 r/min。

功率因数：$\cos\phi=0.9$。

频率：50 Hz。

最大连续出力：660 MW。

额定氢压：0.4 MPa。

励磁方式：静态励磁。

（四）锅炉系统

1. 制粉系统

制粉系统采用中速磨正压直吹系统，每台锅炉设 6 座圆筒形钢煤仓。每座煤仓的几何容积为 652 m³。每台锅炉配置 6 台 ZGM 中速磨煤机、6 台电子称重式给煤机。磨煤机配有蒸汽灭火系统及密封空气系统。

2. 烟风系统

烟风系统为平衡通风，一次风系统包括 2 台动叶可调轴流式一次风机，二次风系统包括 2 台动叶可调轴流送风机，烟气系统包括 2 台双室四电场电除尘器、2 台静叶可调轴流式引风机。2 台锅炉合用一座出口直径为 9 m、高度为 240 m 的钢筋混凝土烟囱。

3. 燃油系统

锅炉采用轻油点火及助燃，锅炉点火采用二级点火方式。

燃油储存系统设 2 座 1 500 m³ 钢制储油罐，可满足一台锅炉点火和一台锅炉助燃用油。来油方式为汽车运输，经卸油泵送入储油罐。

4. 除灰渣系统

除灰渣系统采用灰、渣分除工作方式。干除灰系统采用正压气力除灰系统。电除尘器灰斗下均设置发送器，将各灰斗内的排灰输送至储灰库。储灰库布置在锅炉尾部烟囱后面，两台锅炉共设 3 座储灰库、2 座粗灰库、1 座细灰库，每座储灰库的容积为 1 300 m³。省煤器及电除尘器一、二电场的干灰进入粗灰库，电除尘器三、四电场的干灰进入细灰库。锅炉渣采用刮板捞渣机排渣，渣经刮板捞渣机后直接进入渣仓（渣仓的储存容积为 150 m³）储存，再用汽车运至厂外储灰场。

（五）汽机系统

1. 主蒸汽系统、再热蒸汽系统、给水系统

（1）主蒸汽系统、再热蒸汽系统采用单元制。主蒸汽管道及再热蒸汽管道均采用 2-1-2 布置，主蒸汽管材采用 P91。系统设 30%汽机旁路。

（2）给水系统采用单元制。除氧水箱中的水由给水泵升压经过高压加热器加热后进入锅炉省煤器。每台机组设置 2 台 50%容量的汽动给水泵、1 台 30%容量的电动调速给水泵、3 台高压加热器。

2. 凝结水系统

从凝汽器热井出来的凝结水由凝结水泵升压后经凝结水精处理装置、轴封冷却器和低压加热器加热后进入除氧器。系统设有凝结水贮水箱、2 台 100%凝结水泵和 4 台低压加热器。凝结水补充水由凝结水补充水箱供应，每台机组各设置 1 台容量为 400 m³ 的补充水箱。

3. 抽汽系统

汽轮机设有八段非调整抽汽分别供至高压加热器、高压除氧器及低压加热器。汽轮机四段抽汽在机组正常运行时除向高压除氧器提供加热蒸汽外，还向给水泵汽轮机提供驱动蒸汽。

4. 辅助蒸汽系统

辅助蒸汽系统的汽源来自启动锅炉蒸汽、冷段蒸汽及四段抽汽 3 个汽源，从辅助蒸汽联箱引出蒸汽到各用汽点。两台机组的联箱间设联络管道。一期工程设置 2 台 35 t/h 燃油启动锅炉。

5. 冷却水系统

闭式冷却水系统采用除盐水为冷却水，每台机组设置 2 台 100％容量闭式循环冷却水热交换器、2 台闭式循环冷却水泵和 1 台膨胀水箱。开式循环冷却水来自循环水泵，每台机组设置 2 台 100％容量开式循环冷却水升压泵。

（六）电气部分

1. 发变组系统及主接线、主变压器

一期工程 1 号机组采用发电机—变压器组单元制接线，发电机出线经主变压器升压后接入 220 kV 系统，厂内 220 kV 电气主接线采用双母线，不设旁路接线，主变为单相式变压器。2 号机组采用发电机—变压器—线路组接线方案接入 500 kV 系统，最终过渡为一个半断路器接线。电厂 220 kV 规划出线 6 回，即 NJ 2 回、NY 2 回、ND 2 回。本期 3 回，其中至 GJ 2 回，单回线最大输送功率为 520 MVA；至 GY 1 回，单回线最大输送功率为 440 MVA。500 kV 规划出线 2 回，本期 1 回，至新建的 CY500 kV 变电所，单回线最大输送功率按 2 400 MVA 考虑。

2. 厂用电系统

（1）一期工程每台机组设 1 台高压厂用变压器、2 台机组设 1 台启动/备用变压器。高压厂用变压器为 FD 有限公司生产，型号为 SFF−63000/20。启动/备用变压器为 HK 有限公司生产，型号为 SFFZ−63000/220，壳式。

（2）每台机组设 2 台汽机低压厂用变、锅炉低压厂用变和电除尘低压变压器，2 台变压器互为备用。另设输煤变、水处理变、除灰变等各公用厂变。

（3）每台机组设置 1 套快速启动柴油发电机组作为保安电源。柴油发电机组的容量为 1 200 kW。每台机组设置 2 个保安段，机组保安负荷接于保安段，分别由柴油机引接。正常时由机组的 2 个不同的锅炉工作段为保安段供电，事故时快速切换至柴油发电机组供电。2 台柴油发电机组的保安 PC 之间设联络开关，当 1 台机组的保安 PC 段失电时，同时启动 2 套柴油发电机组，以提高启动成功率。柴油发电机组可以远方或就地，手动或自动启动，负荷可按其重要性和投入时间分批投入。

（4）每台机组设有一套连续固态在线运行的不停电电源（Uninterruptible

Power Supply，UPS），额定容量为 80 kVA。

3. 单元直流系统

单元直流系统由 110 V 和 220 V 直流系统组成。每台机组设有 2 组 110 V 免维护蓄电池(每组容量为 800 Ah)和 1 组 220 V 免维护蓄电池(容量为 2 000 Ah)。

4. 控制、保护、测量和信号系统

（1）一期工程采用单元控制室的控制方式，两机一控。

（2）单元机组、厂用电系统、保安电源系统、柴油发电机系统、直流系统和 UPS 系统的测量采用二次测量，由分散控制系统(Distributed Control System，DCS）监测。

（3）发变组及高备变采用微机型保护装置，电动机及低压厂用变的保护采用微机型综合保护装置。

5. 系统远动、通信

（1）本期工程设计按华北网调和 SD 中调两级调度方案。设调度自动化系统，具有遥测、遥信、遥控、遥调和当地测量功能，并具有与机组 DCS 接口的能力。

（2）系统通信。本期工程的光缆通信作为远动、通信的主要通道，分别由 WX 电厂—望都 220 kV 变—保南 500 kV 变电所和 WX 电厂—某 220 kV 变电所两路光缆线路接入 SD 南网光纤通信网络，实现与两级调度的通信联络。

系统远动、通信装置的调试由工程建设管理单位委托相关单位负责，机组主体调试单位做好配合工作。

（七）热工部分

（1）机组为单元制机组，采用机、炉、电集中控制方式，2 台机组共用 1 个集控室。按机、炉、电一体化配置 DCS，通过 DCS 操作员站完成对机组正常运行工况的监视操作和紧急情况事故处理，以及安全停机停炉。

（2）机组设置厂级监控信息系统（Supervisory Information System，SIS），SIS 分别与各单元机组的 DCS、公用辅助车间的自动控制系统及电网监控系统（Network Control System，NCS）设网络通信接口，同时预留与电厂管理信息系统（Management Information System，MIS）的网络通信接口。

（3）单元机组及电气部分均以 DCS 为主要监控手段，每台机组配置 2 套大屏幕显示器和 5 套操作员站［包括汽轮机数字电液控制系统（Digital Electro-Hydraulic Control System，DEH）、小汽轮机电液控制系统（Micro Electro-Hydraulic Control System，MEH）］，并辅以必要的各独立保护控制装置，构成对机组完整的集中控制。

（八）运煤部分

本工程运煤系统按规划容量 2 400 MW、输煤量 1 500 t/h 设计，系统为双路，1 路运行，1 路备用，也可双路同时运行。皮带宽度为 1 400 mm，控制方式为就地及远方程控。一期采用 2 套 C 型翻车机卸煤，翻车机布置采用折返式。2 个煤场容量约为 15×10^4 t，煤场内对头布置 2 台斗轮机。

（九）电厂化学部分

（1）锅炉补给水处理采用反渗透加除盐处理方式，同时还增加了碳酸钠和氢氧化钠加药、次氯酸钠加药系统和活性炭吸附处理。

（2）凝结水采用混床精处理方案。

（3）循环冷却水处理采用加酸、加水质稳定剂联合处理方式。

（4）废水处理。

化学水处理车间和主厂房等排出的各类废水，通过各自的收集系统收集后送至工业废水集中处理车间进行处理。化学水处理车间排出的酸碱性废水进入本废水处理系统后，在一座 500 m³ 废水池中进行空气搅拌，然后直接进入最终中和池进行加酸碱调节 pH 值到 6～9，流入清净水池，经纤维球过滤器排至回收水箱，用于煤场、灰场喷洒。预处理装置的排泥、净水站的排泥、精处理排出的浆水和废水处理澄清器产生的泥浆等直接进入泥浆池，经浓缩池浓缩后送入脱水机脱水，用卡车运到厂外，清水回至最终中和池。

非经常性废水处理：空气预热器清洗排水送至 3 座 2 000 m³ 废水储存池，经空气搅拌、加酸碱调节 pH 值和加药絮凝后进入澄清器，产生的清水流入最终中和池与酸碱废水混合，之后按酸碱性废水处理方法进行处置，排出的泥浆送至泥浆处理系统。

（十）水工部分

（1）本工程的水源取自 GN 水库，在水库区设取水泵房。本期安装 3 台水泵，将水送至水库坝顶的高位水池，然后经 2 条 *DN*700 的输水管道自流送往电厂厂区，输水距离为 29 km，输水能力为 3 400 t/h。

（2）循环供水系统为单元制供水系统，每台机组配 1 座 8 500 m² 的双曲线自然通风冷却塔。每台机组设 1 座循环水泵房、2 台立式循环水泵、1 条 *DN*3 000 的压力进水钢管、1 条 *DN*3 000 的压力回水钢管。

（十一）干灰场

一期工程的干灰场为绳油村灰场。干灰用汽车运至贮灰场。粉煤灰筑坝，调湿碾压。灰场堆灰高度按 20 m 计，有效贮灰容积为 479.05×10^4 m³，可供电厂 2×600 MW 机组贮灰 20 年。灰场堆满后，启用距绳油村灰场 1.5 km 的小油村灰场。

（十二）消防水系统

厂区内设独立的消防水系统，消防水源为循环水。在主厂房油系统设置水喷雾、水喷淋消防系统，油罐灭火采用固定式泡沫灭火。另外，还设置了火灾报警及自动消防区域，火灾时，检测区域发出声光报警信号的同时，在集控室内也将显示声光报警信号，并通过烟烙烬自动灭火系统对集控楼的 0 m 层动力中心、6.9 m 层 UPS 室、工程师室、电子设备间及单元控制室，升压站继电器楼的通信载波机室、继电器室、UPS 室进行灭火。通过自动喷水灭火系统对集控楼 4.2 m 和 11.1 m 层电缆夹层、汽机房 9.0 m 层电缆夹层，以及汽机润滑油系统、密封油箱、汽机油管道、电动给水泵油箱、输煤皮带层、主变压器、厂用变压器、启动/备用变压器、运煤栈桥、柴油发电机室、升压站继电器楼、除灰除尘综合楼的电缆夹层进行灭火。

（十三）烟气脱硫系统

1 号、2 号机组各单独配置一套烟气脱硫系统，采用日本川崎公司的石灰石—石膏湿法烟气脱硫工艺和新型喷淋吸收塔技术，主要设备从国外进口。由于设备订货等原因，1 号机组的烟气脱硫系统在 1 号机组投产时尚不能投用；2 号机组的烟气脱硫系统可基本做到与机组同步投产。

（十四）MIS 系统

一期工程选用异步传输模式（Asynchronous Transfer Mode, ATM）网作为电厂的主干网，主干网络采用光缆。网络通信能力和服务器处理能力按 2 400 MW 电厂设计。MIS 系统具有生产管理、实时信息、电价管理、设备管理、燃料管理、资料文档管理、综合查询、系统管理等功能。

第三节　调试大纲编制依据

调试大纲的编制依据如下：

（1）《火力发电建设工程启动试运及验收规程》。

（2）《火电工程启动调试工作规定》。

（3）《电力建设施工及验收技术规范》。

（4）《火电机组启动蒸汽吹管导则》。

（5）《火力发电厂锅炉化学清洗导则》。

（6）《汽轮机甩负荷试验导则》。

（7）《火电机组热工自动投入率统计方法》。

（8）《火电工程达标投产验收规程》。

（9）《电力建设安全健康与环境管理工作规程》。

（10）《防止电力生产重大事故的二十五项重点要求》。

（11）《WX 电厂一期 2×600 MW 工程 1 号机组和公用系统分系统及整套启动调试合同书》《WX 电厂一期 2×600 MW 工程 2 号机组分系统及整套启动调试合同书》。

（12）《WX 电厂一期工程（2×600 MW）建设国际一流电厂工作规划及实施大纲》。

（13）《中国电力优质工程奖评选办法》。

（14）《火电机组启动验收性能试验导则》。

（15）有关设备的订货技术协议书、说明书及原电力工业部有关规定等。

第四节 调试试运组织及职责

一、启动试运的组织

根据 WX 电厂一期工程（2×600 MW 机组）调试方式的实际情况，并结合原电力部有关启动调试的规定，在 WX 电厂一期工程 2×600 MW 机组的调试工作中组建试运行指挥部及下属的各类分支机构，以便组织和指挥调试工作按步骤、有条理地展开。

火电机组启动验收委员会、试运指挥部、分部试运组、整套试运组、验收检查组、生产准备组、综合组。

分部/整套试运组可细化为汽机专业组、锅炉专业组、电气专业组、热控专业组、化学专业组、煤灰专业组。

（一）启动验收委员会

启动验收委员会（以下简称"启委会"）由投资方、建设监理、施工、调试、生产、设计、电网调度、质监、锅监、制造厂等有关单位的代表组成。启委会必须在整套启动前组成并开始工作，直到办完移交试生产手续为止。启委会在机组整套启动试运前，审议试运指挥部有关机组整套启动准备情况的汇报、协调整套启动的外部条件、决定机组整套启动的时间和其他有关事宜；在完成整套启动试运后，审议试运行指挥部有关整套启动试运和交接验收情况的汇报、协调整套启动试运行后未完事项、决定机组移交试生产后的有关事宜、主持移交试生产的签字仪式、办理交接手续。

（二）试运指挥部

（1）试运指挥部由总指挥和副总指挥组成，设总指挥 1 名，由 WX 发电有限责任公司任命。副总指挥若干名，由总指挥与 XR 电力工程监理咨询公司、DY 电建一公司、SY 电建公司、ST 调试所、XT 调试所、JX 发电有限责任公司等单位协商后，提出任职人员名单，上报工程主管单位 WX 发电有限责任公司批准任命。

（2）试运指挥部从分部试运开始的 1 个月前组成并开始工作，办完正式移交生产手续后结束。按照 WX 电厂一期工程的具体情况，试运行指挥部由 DY 电建一公司和 SY 电建公司的项目经理、HD 电力勘测设计研究院总设计师、ST 调试所和 XT 调试所的项目经理、XR 电力工程监理咨询公司总监、TA 公司总监、WX 发电有限责任公司负责人等组成。其主要职责是全面组织、领导和协调机组启动试运工作，对试运中的安全、质量、进度和效益全面负责，审批启动调试措施，协调解决启动试运中的重大问题，组织、领导和协调试运指挥部各下属机构及调试各阶段的交接签证工作。

试运指挥部下设机构有分部试运组、整套试运组、验收检查组、生产准备组、综合组。各组下设若干个专业组。专业组的成员由总指挥与有关单位协商任命，并报工程主管单位备案。

1. 分部试运组

分部试运组由 DY 电建一公司、SY 电建公司、ST 调试所、XT 调试所、HD 电力勘测设计研究院、XR 电力工程监理咨询公司、WX 发电有限责任公司、制造厂等有关单位的代表组成。设组长 1 名，副组长 2~3 名，1 号、2 号机组分部试运组组长分别由 DY 电建一公司、SY 电建公司的负责人担任，副组长由 ST 调试所、XT 调试所、XR 电力工程监理咨询公司、WX 发电有限责任公司的负责人担任。其主要职责是负责分部试运阶段的组织协调、统筹安排和指挥领导工作，核查分部试运（单机及分系统）阶段应具备的条件，组织和办理分部试运后的验收签证及提供必要资料。

2. 整套试运组

整套试运组由 ST 调试所、XT 调试所、DY 电建一公司、SY 电建公司、WX 发电有限责任公司、制造厂等有关单位的代表组成。设组长 1 名，1 号、2 号机组分别由 ST 调试所、XT 调试所出任的副总指挥兼任；副组长 3 名，由 DY 电建一公司、SY 电建公司、XR 电力工程监理咨询公司、WX 发电有限责任公司的负责人担任。整套试运组下设若干个专业组，设组长 1 名，副组长 2~3 名，组长由 ST 调试所、XT 调试所的负责人担任，副组长由 DY 电建一公司、SY 电建公司、XR 电力工程监理咨询公司、WX 发电有限责任公司等单位的负责人担任。其主要职责是负责核查机组整套启动试运应具备的条件，提出整套启动试运计划；负责组织实施启动调试措施；负责整套启动试运的现场指挥和专业协调工作；审查有关试运和调试报告。

3. 验收检查组

验收检查组由 WX 发电有限责任公司、DY 电建一公司、SY 电建公司、ST 调试所、XT 调试所、HD 电力勘测设计研究院、XR 电力工程监理咨询公司等有关单位的代表参加。设组长 1 名，副组长若干名，组长由 WX 发电有限责任公司出任的副总指挥兼任。其主要职责是负责验收签证，核准分部试运验收单的手续，未经核准不得试运；负责核查建筑安装工程施工和调整试运质量验收及评定结果记录、安装调试记录、图纸资料和技术文件的核查评定及其交接工作；组织对厂区外与市政公用单位有关工程的验收或核查其验收评定结果；协调设备材料、备品配件、专用仪器和专用工具的清点移交工作。

4. 生产准备组

生产准备组由 WX 发电有限责任公司的人员组成。设组长 1 名、副组长若干名，组长由 WX 发电有限责任公司出任的副总指挥兼任。其主要职责是负责核查生产准备工作，包括运行和检修人员的配备、培训情况，所需的规程、制度、措施、系统图、记录簿和表格、各类工作票和操作票、设备铭牌、阀门编号牌、管道流向标识、安全用具、生产维护器材等准备情况。

5. 综合组

综合组由 WX 发电有限责任公司、XR 电力工程监理咨询公司、DY 电建一公司、SY 电建公司、ST 调试所、XT 调试所等单位的代表组成。设组长 1 名、副组长若干名，组长由 WX 发电有限责任公司出任的副总指挥兼任。其主要职责是负责试运指挥部的文秘、资料、后勤服务等综合管理工作，发布试运信息，核查协调试运现场的安全、消防和治安保卫工作。

另外，根据本工程实际情况，分部试运组、整套试运组及验收检查组下设汽机、锅炉、电气、热控、化学、燃料、土建、消防等专业组，组长的主要职责是参加调度会，汇报本专业组的计划完成情况，接受试运指挥部命令，带领本专业组按计划和要求组织实施和完成本专业组的试运工作，专题研究、解决调试过程中的重大技术难题或问题；协调各成员单位间的配合。

二、启动试运中各方主要职责

（一）启动试运总指挥

全面组织领导和协调机组的启动试运工作，对试运中的安全、质量、进度和效益全面负责，审批主要调试措施，协调解决启动试运中的重大问题，组织领导和协调试运指挥部各组及各阶段的交接签证工作。

（二）WX 发电有限责任公司

全面协助试运指挥部做好机组启动试运全过程中的组织管理工作，参加试运各阶段工作的检查协调、交接验收和竣工验收的日常工作；协调解决合同执行中的问题和外部关系等；协调 ST 调试所、XT 调试所、DK 院 3 个调试单位的工作关系，负责与电网调度的联系如报送资料、索取定值、落实并网事项等；负责落实远动、通信装置的调试；组织按时完成由制造厂或其他承包单位负责的调试项目；组织落实机组性能试验测点安装图及性能试验相关问题；组织整个工程档案资料的移交、归档等。

（三）DY 电建一公司、SY 电建公司

负责完成启动需要的建筑和安装工程及试运中的临时设施；组织编审分部试运阶段的措施；全面完成分部试运工作及分部试运后的验收签证；提交分部试运阶段的记录和文件；做好试运设备与运行或施工中设备的安全隔离措施和临时连接设施；根据 WX 发电有限责任公司的委托做好机组整套启动和性能试验需要的试验测点和设施的安装工作，负责进行设备检查，及时消除设备缺陷，积极做好文明启动工作；移交试生产前，负责试运现场的安全、消防、治安保卫；在试生产阶段，仍负责消除施工缺陷，提交与机组配套的所有文件资料、备品配件和专用工具等。确保各项指标满足达标要求，根据达标要求做好资料工作。

（四）ST 调试所、XT 调试所

按合同负责编制调试大纲、分系统及机组整套试运措施；按合同提供或复审分部试运阶段的调试措施；参加分系统试运后的验收签证；全面检查启动机

组所有系统的完整性和合理性；按合同组织协调并完成启动试运全过程中的调试工作，负责提出解决启动试运中重大问题的方案或建议；ST 调试所、XT 调试所是机组整套启动试运的纳总单位，负责安排机组试运的总体计划；对其他单位承担的调试项目进行监督检查和技术把关，确认其是否具备试运条件；提出启动调试所需物资清单；填写调整试运质量验评表；提交整套启动试运阶段有关调试的记录和文件；提出调试报告和调试工作总结；确保各项指标满足达标要求，根据达标要求做好资料工作。

（五）WX 发电有限责任公司（生产准备部门）

在机组整套启动前，负责完成各项生产准备工作，包括燃料、水、汽、气、酸、碱等物质的供应；配合调试进度，及时提供电气、热控等设备的运行定值；参加分部试运及分部试运后的验收签证；做好运行设备与试运设备的安全隔离措施和临时连接设施；在启动试运中，负责设备代保管和单机试运后的启停操作、运行调整、事故处理和文明生产，对运行中发现的各种问题提出处理意见或建议；组织运行人员配合调试单位做好各项调试工作和性能试验；移交试生产后，全面负责机组的安全运行和维护管理工作。确保各项指标满足达标要求，根据达标要求做好资料工作。

（六）XR 电力工程监理咨询公司

XR 电力工程监理咨询公司按照项目法人的委托，对调试过程中的质量、安全、费用、进度进行控制，对调试过程中的信息、合同进行管理，并负责协调各有关单位的工作关系。组织并参加调试措施的讨论，组织并参加对重要调试项目的质量验收与签证。组织并参加对调试过程中重大技术问题解决方案的讨论。审核并批准调试单位的质保措施，并负责督促执行。组织检查和确认进入分系统及整套启动试运的条件。根据国家电网有限公司（以下简称"国电公司"）有关安全管理规定，进行安全调试的管理；代表项目法人审核并批准调试单位的调试安全措施，并督促调试过程中各项安全措施的落实和执行；代表项目法人对现场文明调试工作进行监督和检查。主持审查调试计划、调试措施。参与协调工程的分系统试运行和整套试运行工作。根据达标要求做好各项工作，督促各参建单位完成各项达标工作。

（七）HD 电力勘测设计研究院

负责必要的设计修改，提交完整的竣工图。设计监理对设计院的工作进行确认，并参与工程验收检查工作。

（八）制造单位

按合同进行技术服务和指导，保证设备性能稳定；完成合同中规定的调试工作；及时消除设备缺陷；处理制造厂应负责解决的问题；协助处理非责任性的设备问题。现场服务人员必须严格遵守有关的安全规程和本工程的安全工作规定，服从监理单位的管理。监理单位要统一协调制造厂现场服务与消缺人员的安全监护。

（九）电网调度部门

及时提供归其管辖的主设备和继电保护装置整定值；核查机组的通信、远动、保护、自动化和运行方式等实施情况；及时审批机组的并网申请，以及可能影响电网安全运行的试验方案，发布并网或解列命令等。

第五节　调试阶段工作原则

（1）在试运指挥部领导下的整套启动试运组全面领导各专业组进行机组的启动调试工作，各专业组长（或其代理人）对本专业的试运工作全面负责，重点做好本专业的组织及与其他专业的协调配合工作。

（2）试运机组的运行值长从分系统试运起，接受整套启动试运组的领导，按照试运方案或调试负责人的要求指挥运行人员进行监视和操作，如发现异常应及时向整套启动试运组汇报，并根据具体情况直接或在调试负责人的指导下指挥运行人员进行处理。

（3）运行专业负责人在试运工作方面，按调试措施或调试要求组织本专业运行人员进行监视和操作，如发现异常应及时向调试人员汇报，并根据实际情况直接或在专业调试人员的指导下进行处理。

（4）运行人员在正常运行情况下，须遵照有关规程进行操作监护，在进行调试项目工作时，遵照有关调试措施或专业调试人员的要求进行操作监护，如果调试人员的要求影响人身与设备安全,那么运行人员有权拒绝操作并及时向上一级指挥机构汇报。在特殊情况下,按整套启动试运组的要求进行操作监护。

（5）在试运中发现故障,若暂不危及设备和人身安全,则安装和运行人员均应向专业调试人员或整套启动试运组汇报,由专业调试人员决定后再处理,不得擅自处理或中断运行;若发现危及设备和人身安全的故障,则可根据具体情况直接处理,但要考虑到对其他系统设备的影响,并及时通知现场指挥及有关人员。

（6）调试人员在进行调试工作前,须向安装、运行人员做好技术交底工作,以便尽早做好准备工作和配合工作。在调试过程中若发现异常情况,则指导运行人员恢复稳定运行状态;若发生故障,则指导运行人员处理,在紧急情况下,调试人员可以立即采取措施。

（7）试运期间,设备的送、停电等操作严格按有关规程的工作票制度执行。在设备及系统代保管前,设备及系统的动力电源送电工作由安装单位负责;在设备及系统代保管后,由运行单位负责。

（8）安装人员在试运期间负责运行设备的维护和消缺。在处理缺陷时,必须征得专业调试人员的同意,办理相关的工作票手续后方可进行。对运行中的设备,安装人员不得进行任何操作,除非在发现运行中设备出现事故并危及设备或人身安全时,可就地采取紧急措施,并立即告知专业调试人员。

（9）设备制造厂现场服务人员负责完成或指导完成供货设备的单体调试或系统投入。如涉及其他设备系统,则必须征得专业人员同意后方可进行。

第六节　调试范围及项目

一、汽机专业

（一）启动调试前期工作

（1）收集有关技术资料。

（2）了解机组安装情况。

（3）对设计、安装和制造等方面存在的问题和缺陷提出改进建议。

（4）准备和校验调试需用的仪器、仪表。

（5）编制汽机专业调试措施。

（二）启动试运阶段调试工作

1. 分系统试运阶段调试工作

（1）循环水系统调试。

（2）开式循环水系统调试。

（3）闭式循环水系统调试。

（4）辅助蒸汽系统调试。

（5）凝结水系统调试。

（6）电动给水泵组及其系统调试。

（7）汽动给水泵驱动汽轮机调试。

（8）汽动给水泵及其系统调试。

（9）真空系统调试。

（10）抽汽回热系统调试。

（11）轴封系统调试。

（12）主机润滑油、顶轴油系统及盘车装置调试。

（13）发电机水冷系统调试。

（14）发电机密封油系统调试。

（15）发电机氢冷系统调试。

（16）汽轮机调节保安及控制油系统调试。

（17）胶球清洗系统调试。

（18）汽轮机油净化装置调试。

（19）汽机旁路系统调试。

（20）消防水泵房系统调试。

2. 整套启动试运阶段调试工作

（1）各种水、汽、油分系统及真空系统检查投运。

（2）热控信号及联锁保护校验。

（3）各分系统投运。

（4）汽轮机带负荷工况的检查和各典型负荷振动的测量。

（5）机组冷态启动调试。

（6）汽机超速保护控制（Overspeed Protection Control，OPC）试验。

（7）汽机危急保安器调整试验。

（8）汽机超速试验。

（9）高加汽侧冲洗。

（10）机组温态及热态启动。

（11）机组振动监测。

（12）机组并网带负荷调试。

（13）高低压加热器投运及高加切除试验。

（14）真空严密性试验。

（15）主汽门及调速汽门严密性试验。

（16）甩负荷试验（50%、100%）。

（17）自动调节装置切换试验。

（18）变负荷试验。

（19）主机保护投入，检查定值。

（20）配合调试热工专业投入自动。

（21）运行数据记录统计分析。

（22）设备缺陷检查记录。

（23）168 h 连续试运值班。

（24）编制各类试运调试总结报告。

二、锅炉专业

（一）启动调试前期工作

（1）收集有关技术资料。

（2）了解锅炉安装情况。

（3）对设计、安装和制造方面存在的问题和缺陷提出改进建议。

（4）准备和校验测试需用的仪器、仪表。

（5）编制锅炉调试措施。

（二）启动试运阶段调试工作

1．分系统试运阶段调试工作

（1）空气压缩机及其系统调试。

（2）启动锅炉调试。

（3）空气预热器调试。

（4）引风机及其系统调试。

（5）送风机及其系统调试。

（6）一次风机及其系统调试。

（7）密封风机及其系统调试。

（8）火检冷却风机调试。

（9）炉水循环泵及其系统/锅炉汽水启动系统调试。

（10）锅炉通风试验。

（11）锅炉（切圆）冷态空气动力场试验。

（12）燃油或其他点火系统调试。

（13）暖风器及其系统调试。

（14）吹灰器及其系统调试。

（15）制粉系统调试。

（16）输灰系统调试。

（17）除渣系统调试。

（18）输煤系统调试。

（19）燃烧器检查及调试。

（20）锅炉疏水、放空气及排污系统调试。

（21）蒸汽吹管。

（22）电除尘系统调试。

（23）脱硝系统调试。

2. 整套启动试运阶段调试工作

（1）主燃料跳闸（Main Fuel Trip，MFT）静态试验、机组大联锁等试验。

（2）锅炉点火前辅机及辅助系统投运和调整。

（3）锅炉上水及冷态冲洗。

（4）锅炉辅机系统及主机保护投入和检查。

（5）锅炉点火。

（6）锅炉热态冲洗及汽水品质调整。

（7）配合汽机专业进行汽轮机冲转、定速及调整。

（8）配合电气专业进行空负荷阶段试验。

（9）配合汽机专业带初负荷暖机。

（10）配合汽机专业进行阀门严密性和超速试验。

（11）空负荷阶段锅炉燃烧调整和辅助系统调整。

（12）机组并网后，根据机组负荷情况投入其余制粉系统。

（13）锅炉在各负荷下进行洗硅，配合化学专业进行汽水品质监督和调整。

（14）进行给水流量特性和减温水流量特性试验。

（15）各负荷阶段进行锅炉燃烧初调整试验。

（16）进行锅炉不投油（等离子）最低稳燃负荷试验。

（17）配合热控专业投入各自动调节系统和机组协调控制系统优化调整。

（18）烟风、除灰、除渣及除尘带负荷调整。

（19）本体吹灰器投运和调整。

（20）脱硝系统投运和调整。

（21）配合厂家进行锅炉一次再热器、二次再热器安全门整定工作。

（22）进行锅炉蒸汽严密性试验。

（23）配合热控专业进行负荷变动试验。

（24）配合热控专业进行辅机故障减负荷（Run Back，RB）试验。

（25）配合汽机专业进行甩负荷试验。

（26）配合进行涉网特殊试验。

三、电气专业

（一）启动调试前期工作

（1）收集有关技术资料。

（2）熟悉电气一次主接线，对机组的继电保护自动装置进行全面了解。

（3）熟悉启动范围内电气设备的性能特点及有关一、二次回路的图纸和接线。

（4）编制电气调试措施。

（5）准备和校验调试需用的试验设备及仪器、仪表。

（二）启动试运阶段调试工作

1. 分系统试运阶段调试工作

（1）升压变电站系统受电前调试。

（2）升压变电站系统受电后调试。

（3）启动备用变压器系统受电前调试。

（4）启动备用变压器系统受电后调试。

（5）厂用电快切系统调试。

（6）发电机同期系统调试。

（7）发电机—变压器组保护系统调试。

（8）主变压器、高压厂用变压器本体系统调试。

（9）故障录波系统调试。

（10）励磁调节系统调试。

（11）厂用电系统调试。

（12）直流电源系统调试。

（13）中央信号系统调试。

（14）电气微机监控系统调试。

（15）保安电源系统调试。

（16）柴油发电机系统调试。

（17）事故照明系统调试。

（18）电除尘系统调试。

（19）低压厂用电切换系统调试。

（20）不停电电源系统调试。

（21）厂用辅机系统调试。

（22）电气控制系统调试。

2. 整套启动试运阶段调试工作

（1）厂用工作电源与备用电源定相，备用电源自投试验。

（2）机、电、炉大联锁试验。

（3）机组升速前的检查及升速过程中的试验。

（4）机组定速后的电气整套试验。

（5）励磁调节器试验。

（6）发电机同期系统定相并网试验。

（7）厂用电切换试验。

（8）进行主变压器、高压厂变系统试验。

（9）发电机变压器组测量系统带负荷检验。

（10）发电机变压器组带负荷试验及试运。

（11）励磁系统带负荷试验及试运。

（12）机组甩负荷试验。

（13）机组带负荷过程中的其他试验工作。

（14）配合发电厂厂用系统试运。

（15）168 h 试运值班。

（16）编制各类试运调试总结报告。

四、热控专业

（一）启动调试前期工作

（1）熟悉热力系统及主、辅机的性能和特点。

（2）掌握所采用的热控设备的技术性能，对新型设备的技术难题进行调研和搜集资料，并制定相应的措施。

（3）审查热工控制系统的原理图和组态图。

（4）编制主要控制系统调试措施。

（5）参加大型和重要的热控设备出厂前的调试和验收。

（二）启动试运阶段调试工作

1. 分系统试运阶段调试工作

（1）分散系统通电及复原调试。

（2）计算机监视系统调试。

（3）顺序控制系统调试。

（4）锅炉炉膛安全监控系统调试。

（5）模拟量控制系统调试。

（6）辅机驱动汽轮机监视仪表调试。

（7）辅机驱动汽轮机电液控制系统调试。

（8）汽轮机旁路控制系统调试。

（9）汽轮机监视仪表调试。

（10）汽轮机跳闸保护系统调试。

（11）汽轮机数字电液控制系统调试。

（12）燃气轮机控制系统调试。

（13）机组附属及外围设备控制系统调试。

2. 整套启动试运阶段调试工作

（1）在机组整套启动过程中，根据运行情况，投入各种热控装置及模拟量控制系统。

（2）控制系统投入后，检查调节质量，整定动态参数，根据运行工况做扰动试验，提高调节品质。

（3）投入各项主机保护。

（4）投入汽机电液控制系统。

（5）运行工况稳定后，投入协调控制系统。

（6）协调控制系统负荷变动试验。

（7）配合有关专业进行其他试验。

（8）各控制系统投运试验。

（9）进行机组甩负荷试验（50%、100%）。

（10）机组 168 h 试运值班。

（11）处理与调试有关的缺陷及事故。

（12）记录和统计试运情况及数据。

（13）编制各类试运调试总结报告。

五、化学专业

（一）启动调试前期工作

（1）了解工程情况，收集资料。

（2）编写调试措施。

（3）小型试验。

（4）有关药品纯度、浓度等指标的鉴定。

（5）循环水处理加药剂量选择。

（6）化学清洗小型试验。

（二）启动试运阶段调试工作

1. 分系统试运阶段调试工作

（1）机组取水泵及系统调试。

（2）净水系统调试。

（3）机组反渗透系统及锅炉补给水处理系统调试。

（4）废水处理系统调试。

（5）凝汽器、炉前系统及炉本体化学清洗。

（6）制氢设备调试。

（7）给水及炉内加药系统调试。

（8）取样系统调试。

（9）循环水加药处理装置及系统调试。

（10）凝结水精处理再生系统调试。

（11）凝结水精处理系统调试。

（12）发电机冷却水处理系统调试。

（13）污水处理系统调试。

（14）凝汽器检漏仪装置调试。

（15）启动炉加药装置调试。

（16）循环水处理站次氯酸钠装置调试。

2. 分系统试运阶段化学监督工作

（1）炉本体系统、炉前系统冲洗水质的监督。

（2）蒸汽吹管阶段加药系统投入及调试。

（3）蒸汽吹管阶段化学监督。

（4）机组油质监督（电厂）。

（5）净水预处理系统调试指标达到设计要求，程控装置的投入。

（6）锅炉补给水处理调试，指标达设计要求。

（7）经常性及非经常性废水处理调试指标达设计要求。

（8）凝结水精除盐处理系统调试指标达设计要求，凝结水精除盐处理再生系统调试指标达设计要求。

（9）循环水加药系统调试，指标达设计要求。

（10）凝汽器检漏仪装置调试，指标达设计要求。

（11）启动炉加药调试，指标达设计要求。

（12）循环水处理站次氯酸钠装置调试，指标达设计要求。

（13）入厂煤采样器装置调试，指标达设计要求。

（14）入炉煤采样器装置调试，指标达设计要求。

（15）煤粉、飞灰采样器调试。

（16）透平油、绝缘油指标达设计要求。

（17）化学试验楼内的无硅水制备，出水应达要求。

3. 整套启动试运阶段调试工作

（1）投入机组的取样装置及加药系统。

（2）废液的排放达到国家规定的排放标准。

（3）对给水、炉水、蒸汽品质的监督。

（4）除氧器除氧效果监督。

（5）发电机冷却水质监督。

（6）锅炉及热力系统停运时防腐监督。

（7）参加 168 h 试运值班。

（8）指导化验工作及监督水汽品质。

（9）记录统计设备运行工况及参数。

（10）编制试运阶段各类总结报告。

（11）透平油、绝缘油化验监督，指标达设计要求。

六、公用系统

（1）启动锅炉（2×35 t/h）调试（锅炉）。

（2）全厂辅助蒸汽供汽系统调试（汽机、锅炉）。

（3）卸煤系统及煤场部分调试（锅炉）。

（4）卸油及贮油系统部分调试（锅炉）。

（5）全厂消防水系统及消防泵调试（锅炉）。

（6）全厂雨水排水系统调试（汽机）。

（7）生活净水站调试（化学）。

（8）全厂暖通系统调试（汽机）。

（9）全厂空调系统调试（土建）。

（10）全厂 IT 管理系统调试（热工）。

（11）全厂呼叫系统调试（热工）。

七、调试范围划分

ST 调试所负责 1 号机组分系统试运阶段和整套启动试运阶段的调试工作及全厂公用系统的调试工作，XT 调试所负责 2 号机组分系统试运阶段和整套启动试运阶段的调试工作。

第七节　分部试运、整套启动试运调试管理程序

一、分部试运程序

（一）分部试运措施

分部试运调试措施作为分系统试运的指导性文件，由相关调试单位根据系统实际情况进行编、审、批。重要调试措施如《厂用电倒送电措施》《锅炉化学清洗措施》《锅炉吹管措施》《机组整套启动调试措施》等必须由试运总指挥批准。其他调试措施的审批层次由调试单位编制，经会审批准后实施。

（二）三级验收及 W 点、H 点检查

（1）三级验收及 W 点（Witness Point，见证点）、H 点（Hold Point，停工待检点）检查是分部试运应具备的基本条件之一。

（2）三级验收按部版《火电施工质量检验和评定标准》进行，建设/运行单位的 W 点、H 点的检查验收按工程合同或有关规定进行。

（三）分部试运文件包

分部试运文件包分为单体调试、单体试运文件包和分系统试运文件包。其中单体调试、单体试运文件包由安装单位完成，分系统试运文件包由调试单位完成，两个文件包完成后分别由监理单位审查。

1. 单体调试、单体试运文件包

（1）经批准的试运措施（施工单位提供）。

（2）已完成的设备及系统的静态验收签证表（施工单位提供）。

（3）已会签的新设备分部试运申请单（施工单位提供）。

（4）单体试运技术记录表格和试运质量检验及评定签证单（施工单位提供）。

（5）试运范围流程图或系统图（施工单位提供）。

（6）电气、热工保护投入状态确认表（施工单位提供）。

2. 分系统试运文件包

（1）已完成的单体试运质量检验及评定签证单（施工单位提供）。

（2）已完成的新设备分部试运前静态检查表（施工单位提供）。

（3）设计变更单的封闭（施工单位提供）。

（4）未完项目清单（施工单位提供）。

（5）经批准的试运措施（调试单位提供）。

（6）电气、热工保护投入状态确认表（施工单位、调试单位提供）。

（7）分系统试运技术记录表格和试运质量检验及评定签证单（试运结束后由调试单位提供）。

（四）分部试运设备及系统检查签证

（1）施工单位对分部试运项目进行静态检查，填写"新设备分部试运行前静态检查表"并做出评价。

（2）监理、施工单位质检部门和分部试运组各方代表对施工单位提出的"新设备分部试运行申请单"进行审议，包括对"新设备分部试运行前静态检查表"和"电气、热工保护投入状态确认表"进行确认，并会签。

（3）对施工单位提出的未完项目进行讨论，确认必须在分部试运前整改处理的项目已经处理完毕，剩余项目允许在分部试运后限期整改和处理，未经验收签证的设备系统不准进行分部试运。

（五）分部试运

分部试运由单机试运和分系统试运组成。单机试运是指单台辅机的试运（包括相应的电气、热控保护）。分系统试运是指按系统对其动力、电气、热控等所有设备及其系统进行空载和带负荷的调整试运。分系统试运必须在单机试运合格后才可进行。进行分系统试运的目的是通过调试考验整个分系统是否具备参加整套试运的条件。分系统试运结束后，填写"分系统试运记录"。

（六）分部试运后的签证

每项分部试运项目试运合格后应由施工、调试、监理、建设/生产等单位及时验收签证。合同规定由设备制造厂负责的单体调试项目，由施工单位组织监理、建设/生产、调试等单位检查、验收；合同规定由设备制造厂负责安装并调试的项目，由 WX 定电工程部组织监理、建设/生产、调试等单位检查、验收；验收不合格的项目不能进入分系统试运和整套启动试运。在分系统试运结束后，各项指标达到《电力建设施工质量验收规程　第 6 部分：调整试验》的要求和达标要求，由调试单位组织施工单位、调试单位、建设/运行单位、监理单位的代表签署"调试分项工程质量验收表"（以下简称"调试验标"）的有关验评表。工程调试质量检验评定的项目和签证范围由"工程调试质量检验评定项目划分表"规定。

（七）分部试运后的代保管

经分部试运合格的设备和系统，由于生产或调试需要继续运转时，可交运行单位代行保管，由运行单位负责运行、操作、检查，但消缺、维护工作及未完项目仍由施工单位负责。未经建设/生产、监理、调试和施工单位代表验收签字的设备系统，不得"代保管"，不准参加整套启动试运阶段调试。设备及系统代保管时，由施工单位填写"设备及系统代保管签证书"。

（八）分部试运后的再试运

对再次试运的设备及系统，由需要单位提出申请，填写"第二种试运转申请单"和"设备送拉电单"，并得到调试、运行单位确认，方可实施。

二、整套启动程序及技术管理

机组整套启动试运是指设备和系统在分部试运合格，炉、机、电第一次整套启动时锅炉点火开始，至完成满负荷试运移交试生产为止的启动试运工作。

（一）整套启动程序

1. 整套启动调试措施、计划

整套启动调试措施、计划由调试单位负责编写，建设/生产、监理、施工等单位共同讨论、修改。整套启动调试措施、计划需经试运指挥部总指挥批准后方可实施。

2. 整套启动申请报告

整套启动申请报告由试运指挥部向启委会提出。

3. 整套启动前质量监督

整套启动试运前，监理/工程建设管理单位负责联络上级质量监督机构，组织各参建单位对设计、制造、土建、安装、调试等施工质量、生产准备情况进行全面监督检查，并对整套启动试运前的工程质量和分部试运质量提出综合评价，对机组是否具备《火力发电建设工程启动试运及验收规程》规定的整套启动条件进行确认，并报告启委会。

4. 启委会审议启动前的准备工作

启委会在机组整套启动前召开全体会议，审议试运指挥部有关机组整套启动准备情况的汇报、协调整套启动的外部条件、决定机组整套启动的时间和其他有关事宜。

5. 整套启动前系统检查

由监理负责组织建设/生产、监理、调试、施工等单位组成检查组，根据整套启动调试措施的要求对机组启动前的条件、系统进行全面检查和确认。

6. 实施整套启动试运调试

由调试单位组织机、电、炉、热、化、燃料等各专业组实施整套启动试运调试计划，完成《火力发电建设工程启动试运及验收规程》和合同要求的各项试验内容，做好各项调试记录，完成满负荷 168 h 连续试运行。

7. 机组整套启动试运结束

由试运总指挥上报启委会同意后，宣布满负荷试运结束，由试生产组接替整套试运组的试运领导工作。对暂时不具备处理条件而又不影响安全运行的项目，由试运指挥部上报启委会确定负责处理单位和完成时间。

8. 办理移交签证

整套启动试运结束后，由试运指挥部提请召开启委会会议，听取并审议整套试运和移交工作情况的汇报，办理移交试生产的签字手续。

（二）整套启动试运阶段的技术管理

（1）在整套启动试运中，调试、建设/生产、施工各单位对设备的各项运行数据（如振动值、缸胀值、温度、汽水品质、机组主要运行参数等）、设备缺陷、异常及其处理情况，做出详细记录。

（2）完成机组整套启动试运后，由调试单位和建设/生产、施工和监理单位按"调试验标"规定的统一格式进行各专业验收签证。

（3）机组整套试运结束，调试单位在一个半月内向建设/运行单位移交整套调试资料。

（4）机组试运结束后，由试运指挥部综合组组织调试、建设/运行、施工单位立即填写相关数据记录表。

三、调试管理程序

为保证本工程调试管理工作顺利展开，协调好各参建单位间的衔接，促进调试工作的有序进行，按照《WX 电厂一期工程（2×600 MW）建设国际一流电厂工作规划及实施大纲》的要求，在本工程中建立《WX 电厂一期工程（2×600 MW）调试管理程序》《WX 电厂一期工程（2×600 MW）联锁保护及逻辑的修改、解除管理程序》《WX 电厂一期工程（2×600 MW）设备缺陷处理管理程序》。监理单位负责建立《WX 电厂工程（2×600 MW）调试管理程序》。调试单位负责建立《WX 电厂工程（2×600 MW）联锁保护及逻辑的修改、解除管理程序》。

第八节　调试阶段主要控制节点及主要调试措施

依据现代大型机组安装工作的顺序、系统的特点及重要程度，将 WX 电厂 600 MW 机组的调试工作分为 8 个节点进行控制，调试单位在多个节点调试开始前分别编制"节点调试工作及进度计划内容""节点开始前需完成的调试项目""节点调试中需投用的热控设备及测量元件清单"，用于施工单位工作参考。

工程参建各方都应及时完成各自所承担的合同任务，使整个机组调试的质量、进度得到保证。

一、工程主要调试顺序

DCS复原调试→厂用电受电→化学制水→锅炉冷态通风试验→化学清洗→锅炉蒸汽吹管→机组空负荷调试→机组带负荷调试→168 h 满负荷试运→机组移交试生产。

二、机组启动调试阶段主要控制节点

（1）机组 DCS 复原调试。

（2）厂用电受电。

（3）化学制水。

（4）锅炉冷态空气动力场试验。

（5）机组化学清洗。

（6）机组点火吹管。

（7）机组整套启动。

（8）机组 168 h 满负荷试运行。

三、主要项目调试措施

（一）机组 DCS 装置复原调试方案

1. 设备概况

WX 电厂一期工程 2×600 MW 机组控制系统由西门子公司提供的 TELE-PERM-XP 型分散控制系统（DCS）构成，共 15 对数据处理器（Data Processing Unit，DPU）。主要完成机组的数据采集系统（Data Acquisition System，DAS）、模拟量控制系统（Modulating Control System，MCS）、顺序控制系统（Sequential Control System，SCS）、锅炉的炉膛安全监控系统（Furmace Safeguard Supervisory System，FSSS）等系统的控制及汽机数字电液控制系统（DEH）、锅炉给水泵汽机控制（MEH）、汽机旁路控制系统（By-pass Control System，BPS）、发电机—变压器组及厂用电系统的操作、显示。

2. 调试目的

DCS 控制装置在出厂前应已试验合格,但经过长途运输及现场安装已产生偏差,必须再进行复原调试、校验和调正,使其达到出厂的标准,为今后各系统的冷态调试创造条件。

3. 调试范围

DCS 装置内所有接地回路、卡件供电、电源电缆、通信电缆、预制电缆,以及装置的各类卡件、输入回路、输出回路、系统程序、模拟量通道、开关量通道。

4. 复原调试应具备的条件

(1)土建工作已完成并已做好清洁工作,整个机房已具备防尘、防静电、照明及安全保卫等条件。

(2)机房的空调已具备投运条件,能保证装置正常工作必需的温度、湿度。

(3)机柜、操作盘安装就位,通信电缆已连接完毕。

(4)电源电缆已接好,UPS 已具备正式受电条件。

(5)机柜接地工作已完成。

5. 调试项目

(1)接地回路确认。

(2)电源电缆及绝缘确认。

(3)通信电缆连接正确性确认。

(4)机柜受电及供电电压检查。

(5)卡件插入。

(6)预制电缆安装及检查。

(7)程序加载。

(8)卡件通道及精度检查。

6. 考核标准

(1)装置电缆的绝缘必须符合制造厂合同要求和国家标准。

(2)模拟量输入、输出卡件精度应符合制造厂合同要求。

(3)开关量信号输出后其相应的继电器动作应正确。

（二）厂用电受电调试方案

1. 按保护定值单检查核实保护定值及相应保护压板

（1）确认启备变保护屏具备正常投入运行条件，检查确认保护装置工作正常。

（2）确认启备变保护已按调度定值单整定完毕，并按调度令投入相关保护，确认相应保护和跳闸压板投入正确。

（3）确认本次受电范围内的相关设备保护定值已按定值单整定完毕。

（4）检查确认故障录波器定值整定完毕，并投入正常运行。

（5）退出一期 220 kV 升压站母差保护。

2. 启备变受电

（1）检查确认启备变具备冲击受电条件。

（2）确认启备变保护屏相关保护定值已按定值单整定并检查结束，保护压板投、退符合要求。

（3）检查确认启备变高压侧隔离开关在分闸位置，接地刀闸在分闸位置。

（4）确认启备变高压侧断路器在分闸位置。

（5）确认启备变低压侧 10 kV 3A、3B、4A、4B 段备用进线开关在分闸、试验位置，控制电源已退出。

（6）向调度汇报启备变具备冲击受电条件。

（7）接调度令，启备变受电开始。

（8）在网络计算机监控系统（Net Control System，NCS）远方合启备变高压侧隔离开关，并确认已可靠合闸。

（9）在 DCS 远方合启备变高压侧断路器，对启备变进行首次全压冲击合闸试验并记录空载冲击合闸电流。

（10）在启备变保护柜、测量计量屏、DCS、NCS 检查 2 号启备变高压侧二次电压幅值相序应正确无误。

（11）启备变带电 10 min 后，按调度令在 DCS 跳开启备变高压侧断路器，启备变第一次全压冲击合闸试验结束。

（12）按调度令用启备变高压侧断路器对启备变进行 3 次全压冲击合闸试

验，每次带电运行 5 min，间隔 5 min。

（13）第五次冲击前推 10 kV 3A、3B、4A、4B 段备用进线电压互感器（Potential Transformer，PT）至工作位置，插好 PT 二次插头，送上二次空开。

（14）合启备变高压侧断路器，对启备变进行第五次全压冲击。

（15）分别对启备变高压侧 PT 与 10 kV 3A、3B、4A、4B 段备用进线 PT 二次电压进行核相，并检查备用进线 PT 二次电压幅值相序应正确无误并记录。

（16）启备变空载运行无异常后，向调度和厂用受电负责人汇报启备变受电结束。

3.1 号机组 10 kV 3A 段母线受电

（1）检查确认除备用进线 PT 外 1 号机组 10 kV 3A 段其他所有开关均在试验位。

（2）检查确认 1 号机 10 kV 3A 段工作电源进线开关与 A 高厂变低压侧共箱母线的软连接已拆除，做好安全隔离措施。

（3）推 1 号机 10 kV 3A 段备用进线开关及 10 kV 3A 段母线 PT 至工作位置，合上控制、储能电源以及 PT 二次空开。推 1 号机 10 kV 3A 段工作进线开关及工作进线 PT 至工作位置，合上控制、储能电源以及 PT 二次空开。

（4）在 DCS 远方合 10 kV 3A 段备用进线开关对 10 kV 3A 段母线进行首次受电，受电过程中，安装单位负责监视带电设备是否有异常，若有异常，则及时向受电领导小组汇报。

（5）检查 10 kV 3A 段母线二次电压幅值及相序应正确，并对 10 kV 3A 段备用进线 PT 和母线 PT 进行二次核相，应正确无误。

（6）在 DCS 远方合 1 号机 10 kV 3A 段工作进线开关，1 号机 10 kV 3A 段工作进线 PT 受电。

（7）检查 1 号机 10 kV 3A 段工作进线 PT 二次电压幅值及相序应正确，并与 1 号机 10 kV 3A 段备用进线 PT 和母线 PT 进行二次核相，应正确无误。

（8）检查 10 kV 3A 段母线及母线 PT 无异常并运行 5 min 后，在 DCS 远方跳开 10 kV 3A 段工作进线开关、备用进线开关。将 1 号机 10 kV 3A 段工作进线开关及进线 PT 退至检修位，且退出其控制、动力电源及 PT 二次空开。

（9）在 DCS 远方合 10 kV 3A 段备用进线开关对 10 kV 3A 段母线进行再次受电，受电过程中安装单位负责监视带电设备是否有异常，若有异常，则及时向受电领导小组汇报。

（10）检查 10 kV 3A 段母线及母线 PT 运行无异常后，10 kV 3A 段母线带电运行。

（11）汇报厂用受电负责人，1 号机组 10 kV 3A 段母线受电结束。

4.1 号机组 10 kV 3B 段母线受电

（1）检查确认除备用进线 PT 外 1 号机组 10 kV 3B 段其他所有开关均在试验位。

（2）检查确认 1 号机 10 kV 3B 段工作电源进线开关与 3B 高厂变低压侧共箱母线的软连接已拆除，做好安全隔离措施。

（3）推 1 号机 10 kV 3B 段备用进线开关及 10 kV 3B 段母线 PT 至工作位置，合上控制、储能电源及 PT 二次空开。推 1 号机 10 kV 3B 段工作进线开关及工作进线 PT 至工作位置，合上控制、储能电源及 PT 二次空开。

（4）在 DCS 远方合 10 kV 3B 段备用进线开关对 10 kV 3B 段母线进行首次受电，受电过程中，安装单位负责监视带电设备是否有异常，若有异常，则及时向受电领导小组汇报。

（5）检查 10 kV 3B 段母线二次电压幅值及相序应正确，并对 10 kV 3B 段备用进线 PT 和母线 PT 进行二次核相，应正确无误。

（6）在 DCS 远方合 1 号机 10 kV 3B 段工作进线开关，1 号机 10 kV 3B 段工作进线 PT 受电。

（7）检查 1 号机 10 kV 3B 段工作进线 PT 二次电压幅值及相序应正确，并与 1 号机 10 kV 3B 段备用进线 PT 和母线 PT 进行二次核相，应正确无误。

（8）检查 10 kV 3B 段母线及母线 PT 无异常并运行 5 min 后，在 DCS 远方跳开 10 kV 3B 段工作进线开关、备用进线开关。将 1 号机 10 kV 3B 段工作进线开关及进线 PT 退至检修位，且退出其控制、动力电源及 PT 二次空开。

（9）在 DCS 远方合 10 kV 3B 段备用进线开关对 10 kV 3B 段母线进行再次受电，受电过程中安装单位负责监视带电设备是否有异常，若有异常，则及时向受电领导小组汇报。

（10）检查 10 kV 3B 段母线及母线 PT 运行无异常后，10 kV 3B 段母线带电运行。

（11）汇报厂用受电负责人，1 号机组 10 kV 3B 段母线受电结束。

（三）化学制水调试方案

1. 气动、电动阀门检查验收

逐个在控制画面对化学制水系统的阀门进行开关操作，就地观察阀门是否按操作指令动作，检查阀门的开关状态和操作画面是否一致。若有不合格的阀门，则应进行消缺处理，再次检查验收，直至所有阀门验收合格。

2. 纤维过滤器调试

（1）系统冲洗。

在操作画面上打开 1 号纤维过滤器的进水阀和产水排放阀，启动生水泵对进水管道进行冲洗，直至排水清澈停止冲洗。打开反洗进水阀和产水排放阀，启动过滤器反洗水泵对反洗管道进行冲洗，冲洗至排水清澈停止冲洗。打开进水阀、产水排放阀，解开 1 号自清洗过滤器入口法兰，启动生水泵对产水管道进行冲洗，直至排水清澈停止冲洗，恢复法兰连接。

2 号、3 号、4 号纤维过滤器同样按以上方法进行冲洗至系统清洁。

（2）步序试验。

将生水泵和过滤器反洗水泵、罗茨风机电源置试验位，在操作画面上操作 1 号纤维过滤器制水运行和停止、反洗启动和停止，检查设备和阀门的实际动作和步序表是否一致。若不一致，则须对控制系统进行修改消缺，直至和步序表一致，满足生产要求。

2 号、3 号、4 号纤维过滤器同样按以上方法进行试验。

3. 超滤装置调试

（1）系统冲洗。

将自清洗过滤器进水阀门和出水阀门关闭，打开旁路阀门，解开超滤装置进水阀入口法兰，启动生水泵，进行自清洗过滤器和超滤框架冲洗，冲洗水排入地沟，冲洗至排水清澈、透明、无杂质。冲洗结束后将解开的法兰复原。

（2）超滤装置步序试验。

将生水泵和超滤反洗水泵电源置试验位，在操作画面上操作 1 号超滤制水运行和停止、反洗启动和停止，检查设备和阀门实际动作和步序表是否一致。若不一致，则须对控制系统进行修改消缺，直至和步序表一致，满足生产要求。

2 号、3 号、4 号超滤装置同样按以上方法进行试验。

（3）纤维过滤器及超滤装置试运行。

将生水泵和过滤器反洗水泵、超滤反洗水泵、罗茨风机电源置工作位，打开两台超滤水箱入口阀，开启进水阀、反洗阀、超滤浓水排放阀，启动运行纤维过滤器，冲洗 5 min。

开启进水阀、产水阀、超滤浓水排放阀，启动运行纤维过滤器并降低流量为 200 m³/h 左右，过滤 15 min。

开启反洗进水阀、反洗排放阀，启动反洗泵并调整流量为 300 m³/h 左右，反洗 30 s。

开启进水阀、产水阀，启动运行纤维过滤器并调整流量为 228 m³/h 左右，过滤 30 min。开始正常制水运行，并记录进出水流量、进出水压差、进出水水质等参数。

4. 一级反渗透系统调试

（1）一级反渗透保安过滤器及前段管道冲洗。

打开保安过滤器的排污阀，启动一级给水泵对反渗透保安过滤器及前段管道进行冲洗，冲洗至排水清澈、透明、无焊渣。冲洗结束后停泵，清理保安过滤器内部后安装滤芯。

（2）反渗透装置本体管道及膜壳冲洗。

启动一级给水泵，打开高压泵进出口阀门、反渗透装置淡水排放阀、浓水排放阀及浓水手动调节阀，利用保安过滤器产水冲洗，冲洗水流量为 70 m³/h 左右，冲洗过程中适当调节产水排放阀或浓水排放阀，让上部的压力容器也能冲到。冲洗时间约为 5 min。

冲洗时，点动高压泵，做正反转试验（无水时不允许点动高压泵，否则将造成泵机械密封损坏）。

冲洗反渗透装置时，打开清洗、冲洗进水阀及清洗保安过滤器出水阀，反向冲洗这部分管道，冲洗至排水清澈、透明。

（3）膜壳的检查和擦洗。

按照反渗透结构图将两端封头拆开，检查膜壳内壁是否干净，如果仍有杂质，就用高压水冲洗或用棉布裹成团擦洗，洗后压力容器内壁目测应洁净、光滑、无颗粒型杂质。

（4）反渗透膜安装。

按照膜的安装说明安装反渗透膜，安装时膜连接管和膜端头密封圈应适当涂抹润滑剂，防止安装过程中密封圈脱落，并记录好压力容器的编号及膜的编号。膜安装完毕后，将膜壳两端封头封好、产水支管连接好。润滑剂可使用甘油或中性洗涤剂。

（5）低压冲洗。

打开高压泵出口手动调节阀门、反渗透装置进水阀、淡水排放阀、浓水排放阀、浓水排放手动调节阀，启动一级给水泵，利用保安过滤器产水冲洗，冲洗至反渗透（Reverse Osmosis，RO）产水电导率稳定（30～60 min）。冲洗时投加 $NaHSO_3$，以 RO 进水余氯小于 0.1×10^6 mg/L 为准，投加量是水中余氯量的 4 倍。

（6）一级反渗透启动。

启动一级给水泵，调节高压泵出口手动阀门，打开反渗透装置浓水排放手动调节阀和产水阀，关闭浓水排放气动阀，使反渗透进水压力为 400～500 kPa，浓水排放流量为 28 m³/h 左右，如果装置有漏水的地方，那么应及时修复。启动高压泵，进一步调节高压泵出口阀门、反渗透装置浓水排放手动调节阀，使产水流量为 167 m³/h、浓水排放流量为 56 m³/h。产水合格后，关闭淡水排放气动阀，送入一级淡水箱。装置启动 30 min 电导率稳定之后，按反渗透运行参数记录表记录参数。测试单根压力容器的产水电导率，如果有压力容器的产水电导率超标，那么应停机检测膜的安装情况，故障排除后重新启动。单根压力容器产水电导率应做好记录，同时测定浓水排放电导率，并做好记录。

（7）停机顺序。

停止高压泵→停止阻垢剂投加泵→停止一级给水泵→停止 NaHSO₃ 加药泵→关反渗透进水阀。

（8）反渗透膜冲洗。

关闭高压泵进口阀，打开反渗透装置产水排放阀、浓水排放阀、冲洗进水阀，启动反渗透冲洗泵对反渗透膜进行冲洗，冲洗水量为 160 m³/h 左右，冲洗时间为 10 min。冲洗中测定浓水排放电导的下降情况以便确定冲洗时间。

（9）停运。

冲洗结束后，停运反渗透冲洗泵，关闭反渗透装置产水排放阀、浓水排放阀，清洗/冲洗进水阀。

5. 二级反渗透系统调试

（1）二级反渗透装置冲洗。

打开高压泵进出口阀门、反渗透装置淡水排放阀、浓水排放阀及浓水手动调节阀，启动二级给水泵，冲洗二级反渗透膜壳，冲洗水量为 70 m³/h 左右，冲洗过程中适当调节产水排放阀或浓水排放阀，让上部的压力容器也能冲到。冲洗时间约为 5 min，冲洗至出水清澈、无杂质。

（2）膜壳的检查和擦洗。

按照反渗透装置结构图将两端封头拆开，检查膜壳内壁是否干净，如果仍有杂质，就用高压水冲洗或用棉布裹成团擦洗，洗后膜壳内壁目测应洁净、光滑、无颗粒型杂质。

（3）反渗透膜安装。

按照膜的安装说明书安装膜元件，安装时膜连接管和膜端头密封圈应适当涂抹润滑剂，防止安装过程中密封圈脱落，并记录好压力容器的编号及膜的编号。膜安装完毕后，将膜壳两端封头封好、产水支管连接好。润滑剂可使用甘油或中性洗涤剂。

（4）低压冲洗。

打开二级反渗透装置进水电动阀、淡水排放电动阀、手动产水阀、浓水排放气动阀、浓水排放手动调节阀，并将反渗透进水手动阀调节至较小的开度，启动反渗透冲洗水泵低压冲洗，冲洗压力低于 0.4 MPa，冲洗约 30 min。

（5）二级反渗透投运。

启动 NaOH 加药泵，调节泵的冲程与频率，使反渗透进水的 pH 值调至 7.5～8.5。

关闭浓水气动排放阀，启动高压泵，调节浓水流量为 12 m³/h，然后慢慢增大进水调节阀的开度，在开度增大的情况下，产水与浓水流量会慢慢增加，故须不断调整浓水调节阀与进水调节阀的开度，使反渗透的产水与浓水达到设计流量（产水约为 150 m³/h，浓水约为 17 m³/h），关闭淡水排放阀，向二级淡水箱送水，水箱排水清澈、无杂物后停止冲洗。打开二级淡水箱人孔，人工清理水箱内部，清理完成后封闭水箱人孔。

（6）停机顺序。

停运二级高压泵→停运二级给水泵→关闭进水电动阀→停运 NaOH 加药泵。

（四）锅炉动力场试验方案

1. 设备概况

一期工程 2×600 MW 机组锅炉为 SH 锅炉厂有限公司生产的引进型亚临界一次中间再热、控制循环汽包炉，采用摆动燃烧器四角布置，切向燃烧，正压直吹式制粉系统，单炉膛Π型露天布置，全钢架结构，平衡通风，固体排渣。锅炉共配置了 6 台 ZGM113N 型中速磨，燃烧器设 6 层煤粉喷嘴（A、B、C、D、E、F 层），在这之间设 7 层二次风喷嘴燃烧器（AA、AB、BC、CD、DE、EF、FF 层），顶部设有 OFA 二次风喷嘴，在二次风风室内共配置 3 层重油枪喷嘴（AB、CD、EF 层），采用摆动结构，除 OFA 单独摆动外，其余喷嘴联在一起成一摆动系统。一次风自一次风机出口，一部分经过预热器加热为进磨煤机热风，一部分作为磨煤机压力冷风，经磨煤机后分四角送煤粉进入炉膛。二次风自送风机出口经预热器加热进入大风箱，由风门挡板调节，按要求分布于各二次风喷口进入炉膛。

（1）一次风机：动叶可调轴流式。

风量：351 370 m³/h，风压：12 420 Pa。

（2）引风机：动叶可调轴流式。

风量：1 765 030 m³/h，风压：4 920 Pa。

（3）送风机：动叶可调轴流式。

风量：868 360 m³/h，风压：3 650 Pa。

（4）密封风机。

风量：42 228 m³/h，风压：6 382 Pa。

2. 试验目的

对新安装锅炉进行冷态动力场试验的目的是为锅炉整套启动和热态燃烧提供调整手段，并检验燃烧设备制造及安装质量。冷态模拟试验是在冷态试验中动量比与热态时动量比相等的条件下进行的。

3. 调试范围

（1）锅炉燃烧系统。

（2）一次风机、密封风机。

（3）送风机、引风机。

（4）锅炉烟风系统。

4. 试验应具备的条件

（1）空气预热器分部试运合格并经验收签证，有关联锁保护经校验后具备投用条件。

（2）引风机分部试运合格并经验收签证，有关联锁保护经校验后具备投用条件。

（3）送风机分部试运合格并经验收签证，有关联锁保护经校验后具备投用条件。

（4）一次风机分部试运合格并经验收签证，有关联锁保护经校验后具备投用条件。

（5）风烟系统有关表计具备投用条件（大风箱差压、炉膛负压、预热器出口风压、辅机电流等）。

（6）风烟系统有关风门挡板（包括大风箱小风门）和调节门校验合格，确认风门挡板内外实际开度一致、调节门调节性能良好，并且风门实际开度与遥控指令一致，所有风门挡板在集控室能操作。

（7）压缩空气系统安装完毕，并向控制系统供气。

（8）各燃烧器摆角调整至零度。

（9）试验所需测点均按要求安装完毕并经验收确认。

（10）试验所需测试平台及其他临时设施均按要求安装完毕并经验收确认。

（11）在最下层二次风喷嘴以下 1.5 m 处搭设满炉膛钢格板平台，要求能承受 20 人；四角燃烧器旁搭设简易爬梯，要求能承受 4 人；高于满炉膛测试平台的脚手架必须割除。

（12）在水平烟道高温过热器后，距底间隔 4 m 处，沿炉膛宽度搭设 3 层平台，要求每层平台能安全上下，能承受 5 人。

（13）试验所需照明（包括临时照明）及电源均按要求安装完毕并经验收确认。

（14）炉底水封具备投用条件。

（15）确认炉本体、预热器、给煤机、磨煤机、检查孔关闭，给煤机下煤挡板及磨煤机石子煤门、电除尘灰斗、冷灰斗、省煤器放灰斗关闭。

（16）锅炉各段烟风道内有碍动力场试验的脚手架必须拆除，并将烟风道清扫干净。

（17）密封风机试运合格并经验收签证具备投用条件。

（18）扫描冷却风机试运合格并经验收签证具备投用条件。

（19）锅炉烟风系统风压试验合格。

5. 试验项目

（1）一次风测平。通过对一次风速的测平，调整同层一次风四角的风速偏差，同时检查一次风管的安装质量。

（2）二次风挡板特性试验。

（3）磨煤机进口风量装置标定。

（4）送、引风机风量装置标定。

（5）炉内最底层一次内中心平面"米"字面风速测量，以测绘强风环直径、弱风区域的直径大小。

（6）炉膛出口气流分布测量，通过测量以测取炉膛出口风速的均匀性。

6. 考核标准

一次风测平标准是同一层一次风风管之间风速偏差小于±5%，水平烟道出口风速标准是同一层风速不均匀系数小于0.25。

（五）机组化学清洗方案

1. 碱洗前水冲洗

按系统清洗流程进行逐级冲洗，凝汽器→低压加热器系统→除氧器→高压加热器系统→炉本体→过热器，待前一级冲洗干净后再进行下一级冲洗。高、低压加热器先冲洗旁路，再冲洗主路。冲洗终点：出水基本澄清，无杂物。

2. 过热器充保护液

（1）配制 $200\sim300$ mg/L 的联氨溶液，氨水调 pH 值为 $9.0\sim10.0$。

（2）当联氨溶液的浓度和 pH 值符合要求后，用清洗泵对过热器填充保护液，直到过热器排气门出水为止。

3. 碱洗

碱洗介质：$0.05\%\sim0.1\%$ H_2O_2。

碱洗温度：常温。

时间：循环 3 h，浸泡 10 h。

建立循环回路，启动上药泵，将 H_2O_2 经临时清洗系统加入凝汽器，清洗过程中，水位控制在凝汽器管束上层 $100\sim150$ mm、除氧水箱水位的 2/3，每小时取样检测 pH 值一次。

4. 碱洗后水冲洗

碱洗后对系统进行水冲洗，冲洗终点：冲洗至出水检测不到 H_2O_2，出口水质澄清。

5. 热力系统的低温 EDTA 清洗

（1）清洗系统升温试验。

清洗系统按 EDTA 清洗回路建立循环，调整启动分离器储水箱及除氧水箱水位，锅炉点火，加热至系统温度达到 $85\sim95$ ℃，锅炉熄火。在加热升温过程中，应严格监视储水箱的水位变化，同时做好升温、水位上升等记录，检查临时系统管道及设备的热膨胀参数是否符合要求，组织操作人员对临时安装的所有阀门与法兰连接的螺栓重新紧固。

（2）低温 EDTA 清洗。

工艺参数：EDTA 铵盐浓度为 3%～8%，缓蚀剂浓度为 0.3%～0.5%。温度为 85～95 ℃，pH 值为 4.5～5.5。

建立清洗循环回路，清洗过程中应严格监控温度、启动分离器和除氧水箱液位的变化情况，巡查清洗系统是否正常，若有泄漏，则应及时采取补救措施。清洗期间，每小时检测一次清洗液中 EDTA 铵盐浓度、铁离子浓度、pH 值，剩余 EDT 铵盐浓度不得低于 0.5%。当全铁稳定时，清洗结束。

（3）钝化。

铁离子平衡后，在清洗液中加入氨水调节 pH 值为 8.5～9.5，保持温度为 85～95 ℃，循环 6～10 h 后，钝化结束。

6. 清洗废液处理

碱洗废液和冲洗水可以直接排放。

将 EDTA 清洗液通过废水处理系统的煤场喷淋管线喷洒到煤场，与煤混合后输送到炉膛燃烧或者由拖车拖至具有资质的废水处理厂进行处理。

加有联氨和 pH 值大于 9.0 的溶液，输送到废水储存池处理后排放。其他冲洗排水经化验合格可以经雨水井排放。

7. 清洗后的保养工作

（1）清洗完成后，立即拆除临时系统，打开各处放气门。打开水冷壁下联箱手孔，进行检查并彻底清干净内部的沉渣。恢复永久系统。若清洗后距点火冲管时间超过 20 d，则锅炉应按照 DL/T 956—2017《火力发电厂停（备）用热力设备防锈蚀导则》采取保养措施。

（2）机组保养措施。

锅炉侧：省煤器、水冷壁和启动分离系统采用氨—联氨法，用除盐水配制的联氨含量为 200～300 mg/L 用氨调整 pH 值至 10.0～10.5 的氨—联氨保护液并注入其中；过热器和再热器系统应在化学清洗完成后，再次将其中充满用除盐水配制的联氨含量为 200～300 mg/L 用氨调整 pH 值至 10.0～10.5 的氨—联氨保护液。

汽机侧：参加碱洗的加热器汽侧和水侧与凝结水、给水管道可以在清洗结束后在其中充入 pH 值为 10.0～10.5、联氨浓度为 200～300 mg/L 的保护液进行保护；除氧器和凝汽器汽侧应将存水放空，打开人孔，采取通风除湿的方法进行保护。

（六）锅炉吹管方案

1. 蒸汽吹洗范围

（1）锅炉过热器系统、高压主蒸汽管道、一次冷段管道、一次低温再热器系统、一次高温再热器系统、中压主蒸汽管道。

（2）高压旁路减温减压阀前管道。

（3）过热器一、二级减温水管道，一次再热器减温水管道。

（4）炉本体蒸汽吹灰器汽源管路。

（5）其他本次蒸汽吹扫未涵盖的蒸汽管道，应进行人工清理，恢复或安装前办理相应签证，确认清洁后方可安装。

2. 蒸汽吹洗方案

（1）过热器、再热器、高压旁路及其管道系统吹扫。

①流程 1（降压单吹过热器系统）：启动分离器→过热器系统→主蒸汽管道→高压主汽阀前→临时管→临冲门 1→临时管→靶板器→临时管→消音器→排大气（汽机高压主汽门门芯取出，高压、中压主汽门进汽口用厂家提供的吹管专用组件隔离）。

②流程 2（锅炉余汽吹洗高压旁路管道）：启动分离器→过热器系统→主蒸汽管道→高压旁路阀→临时管→高旁临冲门→临时管→排大气（高压旁路阀阀芯取出，进汽口需用厂家提供的专用组件隔离）。

③流程 3（过热器、一次再热器串联降压吹洗）：启动分离器→各级过热器→主蒸汽管道→高压主汽阀前→临时管→临冲门 2→一次低温再热进口管路→一次低温、高温再热器→一次高温再热管路→临时管→靶板器→临时管→消音器→排大气（汽机高压、中压主汽门门芯取出，高压、中压主汽门进汽口用厂家提供的吹管专用组件隔离）。

（2）过热器、一次再热器减温水管道系统吹洗。

过热器一、二级减温水左、右两侧管道从调门处断开（吹洗前调门、流量计暂不安装），调门前管道采用水冲洗，排水经临时管或雨水管引至安全地点排放，临时管应固定牢靠。再热器的减温水管道从调门处断开（吹洗前调门、流量计暂不安装），水侧管道采用水冲洗，排水经临时管或雨水管引至安全地点排放，临时管应固定牢靠。减温水的水侧管道冲洗每路 3～5 次，每次 5 min，至出水澄清即认为吹洗合格。

过热器一、二级减温水调门后管道、再热器事故喷水调门后管道进行蒸汽反吹洗，蒸汽经临时管引至安全地点排放，排放点周围设警戒线。每路管道吹洗 3～5 次，每次 5 min，至排汽清洁即认为吹洗合格。

（3）锅炉本体吹灰供汽管道。

吹扫系统各段打靶检验合格后，锅炉降参数，按流程 2 降压吹扫，同步开启吹灰气源吹扫控制阀，对吹灰蒸汽管路进行冲洗，每路 3～5 次，每次 3 min，冲洗完毕后恢复系统。

（七）汽动给水泵调试方案

1. 设备概况

WX 电厂 600 MW 机组给水系统中配备了 2 台汽动给水泵，每台给水泵的额定容量为锅炉给水量的 50%，2 台汽动给水泵供锅炉给水。汽动给水泵是利用主汽轮机的抽汽、辅助蒸汽来汽（低压汽）及锅炉来汽（高压汽）作为汽源的。

（1）汽轮机规范。

型号：ND（G）84/79/07－1 型。

型式：单缸、单流、冲动、纯凝汽式、新汽内切换。

最大功率：10 MW。

额定功率：6.155 MW。

连续运行调速范围：2 800～6 100 r/min。

额定转速：5 178 r/min。

危急遮断器动作转速：5 600～5 671 r/min。

盘车转速：40 r/min。

低压蒸汽温度：324.7 ℃。

低压蒸汽压力：0.708 3 MPa（a）。

高压蒸汽温度：538 ℃。

高压蒸汽最高温度：546 ℃。

高压蒸汽压力：16.7 MPa。

高压蒸汽最高压力：17.5 MPa。

排汽压力：6.28 kPa（a）。

相对内效率：84%。

汽耗：5.27 kg/（kW·h）。

转向：从给水泵侧看为顺时针方向。

（2）给水泵规范。

型式：卧式多级双桶筒体离心泵，迷宫密封。

型号：FK4E39K。

（3）前置泵规范。

型式：卧式径向并合、单级、双别入口、单蜗壳泵。

型号：FA1D67。

2. 应具备的条件及检查

（1）设备及系统安装结束，安装记录及技术资料以文件包形式完成。

（2）试运涉及的系统管道、阀门（手动、电动、调节）经验收合格，与和本系统相连的而不属于此调试范围的系统能有效地隔离。

（3）操作系统画面准确地显示温度、压力、流量、真空度等数据。

（4）闭冷水系统投入连续运行，系统压力及温度能投入自动控制。

（5）蒸汽管道的冲洗吹扫工作已经完成，管道按要求恢复正常。

（6）润滑油系统冲洗完毕，油质经化验合格。

（7）小汽轮机主油泵试运结束。

（8）凝结水及补给水系统投运正常。

（9）除氧器汽、水系统安装完毕，经冲洗合格能正常投用。

（10）给泵密封水系统投运正常。

（11）给泵暖泵管道冲洗工作已经完成，管道按要求恢复正常。

（12）有关热工自动控制装置投运正常。

（13）确认前置泵进口滤网已加 40 目以上细网。

（14）小汽轮机调节保安系统静态试验完毕，各项技术指标符合要求。

（15）本体保护试验及辅机（主泵、前置泵）联锁试验正常。

（16）汽动给水泵试运转人员的组织分工明确，各自岗位的检查工作完成。

（17）消防系统已能应付紧急事件。

（18）试运转场地平整，照明、通信设施良好。

3. 汽动给水泵前置泵试运转

（1）汽动给水泵前置泵试运前的检查。

①前置泵马达单转结束。

②前置泵已经与马达联轴器连接好。

③前置泵的润滑油已按要求加好。

④前置泵密封冷却水冲洗已经结束，并已投入运行。

⑤试运系统的注水工作已结束。

⑥系统上的仪表和附件已处于投用状态。

⑦向除氧器上水至正常位置。

（2）汽动给水泵前置泵的启动。

①用手在联轴器盘转前置泵轴以用惯性惰走确认其转动是否平稳。

②首次启动前置泵几秒钟以确认其动态特性如转子转向、声音特性（有无异常响声）、振动情况、启动电流、仪表功能（压力表）、惰走特性（惰走时间）。

③若在首次启动过程中未发现任何异常，则待其停止后即可重新启动并开始试运。

④通过主给水泵的再循环门进行试运转。

⑤在连续试运期间，记录压力、温度、轴承振动、转速及电流等。

4. 小汽轮机单机试运转（首次启动采用辅汽汽源）

（1）小汽轮机启动前的检查。

①小汽轮机的油冲洗已完成，油系统已能投运。

②汽机和给泵的联轴器已分开。

③冷油器已能投运，润滑油温度保持在 40 ℃以下。

④小汽轮机的联锁试验已结束。

⑤辅汽系统投运正常。

⑥小汽轮机的油系统投运。

⑦启动真空泵，确认凝汽器的真空度正常。

（2）小汽轮机启动。

①小汽轮机启动，升速率根据制造厂的升速曲线进行。

②冷态升速率为每分钟 100 r/min，热态升速率为每分钟 200 r/min。

③当汽机转速达到 600 r/min（冷态）时，按"脱扣"按钮，进行摩擦检查。在 600 r/min 状态下至少暖机 20 min。

④暖机结束后，将转速设定到 1 800 r/min，在 1 800 r/min 状态下暖机 25 min。

⑤小汽轮机升速至 3 000 r/min，冷态升速率为每分钟 250～300 r/min。热态自 600 r/min 后，可直接升速至最低工作转速 3 000 r/min，升速率为每分钟 300 r/min。

（3）小汽轮机冲转与升速过程中的注意事项。

①升速过程中，在一阶临界转速（2 353 r/min）附近，应避免停留。

②随时注意小汽轮机前/后轴承处的振动，小汽轮机在连续运行转速时，振动值不得超过 0.076 mm；在越过临界转速时，振动值不超过 0.125 mm。

③小汽轮机转速升高后，要注意润滑油的温度，当冷油器出口油温达 45 ℃时打开冷却水进出阀门投入冷油器。注意：轴承回油温度应小于 65 ℃，最高不超过 75 ℃。

（4）小汽轮机升速至 3 000 r/min 试验。

①充油试验。

②电超速试验。

③机械超速试验。

5. 汽动给泵试运转

（1）汽动给泵试运转前的准备工作。

①小汽轮机的单体启动试验已经完成。

②小汽轮机与泵联轴器的连接工作已完成。

③汽动给泵的基础螺栓和螺母正确地紧固好。

④给水系统注水已完毕，除氧器水位正常（为水箱中心线上 1 050 mm）。

⑤最小流量控制阀的功能检查已经完毕，并用手动操作使该阀全开，同时打开最小流量控制阀前后的隔离阀。

（2）汽动给泵的启动。

①启动汽动给泵的前置泵。

②冲转汽动给泵，汽动给泵的启动方式与小汽轮机的启动方式一样。

③在汽动给泵运行过程中密切注意轴承金属温度、轴承回油温度、振动值等参数。

④记录各项运行数据，测量泵组各个轴承的振动值。

⑤汽动给泵转速升至 2 800 r/min，在锅炉具备进水条件后开启汽泵出口门向锅炉进水。

⑥根据锅炉要求调整小机转速（转速范围：2 800～5 500 r/min）。

（3）主机在低负荷时做小机高、低压汽源切换试验。

①主机负荷达 40% 时逐步关闭小机蒸汽管道及本体疏水阀。

②汽动给泵运行正常后根据需要投入给水自动调节装置。

（4）汽动给水泵的停用操作。

①汽动给泵逐渐减负荷到零，关闭出口电动阀。

②将转速降到 3 000 r/min 后，将汽动给泵脱扣，检查高、低压主汽门及调门全关，开启有关蒸汽管道和本体疏水阀，记录汽动给泵惰走的时间。

③关闭小机排汽蝶阀。

④确认汽动给泵转速降至零，前置泵和汽动给水泵的主油泵仍维持运行 30 min 以上。

（八）整套启动调试方案

1. 编制目的

为保证整套启动试运工作按计划、按程序顺利进行，使机组能够安全、稳定、经济、可靠地投入运行，满足达标投产要求，特制定本措施。其目的为：

（1）明确整套启动试运调试期间的试运工作程序。

（2）明确整套启动试运调试期间各项试验的工作安排。

（3）明确整套启动试运调试期间各单位的工作职责。

（4）明确整套启动试运调试期间的主要技术安全项目。

（5）检验锅炉启动性能、带负荷性能、汽温调节性能并进行燃烧初调整。

（6）检验汽轮发电机组的启动性能、带负荷性能、轴系振动水平。

（7）检验锅炉、汽机及辅机系统的带负荷性能及运行可靠性。

（8）检验发电机的并网性能，发变组保护、升压站线路保护的可靠性及带负荷运行考验。

（9）检验机组及辅网系统热控测点的准确性、保护投入可靠性、自动调节装置参数调整，满足机组参数测量准确、保护动作可靠、自动调节装置稳定可靠的要求。

（10）检验汽机、锅炉的运行协调性。

（11）监督汽水品质并核实各水汽取样运行表计。

（12）通过整套启动试运暴露机组在静态调试过程中无法出现的缺陷和故障，完成主要试验检验项目，通过 168 h 满负荷试运考验，使机组能够安全、稳定、可靠、经济地投入商业运行。

2. 空负荷调试

（1）空负荷试运的目的。

①完成锅炉上水冷态冲洗、等离子点火后热态冲洗、锅炉升温升压，满足汽机冲转用汽品质和参数要求。

②完成汽轮机首次冲转定速、轴系振动监测、空负荷试验。

③完成部分自动装置调试投入。

④锅炉在湿态运行期间进行蒸汽洗硅。

⑤精处理及再生装置投运，优化汽水品质。

⑥投入吸收塔浆液循环泵。

⑦在脱硝入口烟气温度大于 305 ℃时，投入脱硝系统。

（2）空负荷调试试运程序。

①锅炉冷态冲洗。

②锅炉点火。

③锅炉热态冲洗。

④汽机冲转。

⑤汽机定速。

⑥汽机空负荷调整试验：

Ⅰ．打闸试验（500 r/min、3 000 r/min）；

Ⅱ．转子交流阻抗试验；

Ⅲ．惰走试验。

⑦并网前电气试验（3 000 r/min）：汽机专业空负荷试验完成，投入氢冷器冷却水和定冷水冷却器，热控专业、电气专业检查主变出口断路器至 DEH 并网信号硬线已解除，交电气专业进行电气试验。

Ⅰ．发变组短路特性试验；

Ⅱ．发变组空载试验；

Ⅲ．励磁系统参数实测；

Ⅳ．励磁调节器空载特性试验；

Ⅴ．同期定相试验；

Ⅵ．假同期试验。

⑧汽机汽门严密性试验：

Ⅰ．主汽门严密性试验；

Ⅱ．调速汽门严密性试验。

⑨厂用电源切换。

⑩发电机首次并网。

⑪汽机超速试验。

3. 带负荷试运

（1）带负荷试运的目的。

①机组并网带负荷调试，各专业完成带负荷试验项目，使系统设备性能达到设计要求，全面检查消除设备缺陷。

②锅炉湿态运行转为干态运行，制粉系统依次投入，锅炉带负荷燃烧初调整，进行最低稳燃负荷试验、主汽再热汽安全阀校验；输煤、制粉、烟风、炉本体吹灰、除灰及除渣系统带负荷试运考验。

③汽机进行带负荷试运，投高加、汽源切换试验；汽机带负荷性能测试；主机油系统、辅助设备及热力系统带负荷调试、真空严密性试验、氢气泄漏量试验。

④发电机带负荷试验，完成发变组、线路保护及励磁系统带负荷试验。

⑤热控测点正确性检查，SCS 顺序控制投用，完成火检调试，MFT、汽轮机紧急跳闸保护系统（Emergency Trip System，ETS）等主保护投入率为 100%，自动调节装置控制参数调整投入，自动投入率大于 90%；机组协调控制系统投入优化试验。

⑥加强汽水品质监督，完成机组升负荷过程中的蒸汽洗硅。

⑦辅机故障负荷 RB 试验、一次调频功能投入试验、机组自动发电控制（Automatic Generator Control，AGC）功能试验、机组甩负荷试验。

⑧机组带额定负荷调试后应能够实现：等离子退出，断油纯烧煤粉；电除尘器投入正常；渣水、气力除灰系统投入正常；高低加投入正常，厂用汽源切换完成；汽水品质合格；热控自动投入率不小于 95%，调节品质达到设计要求；电气、热控保护投入率为 100%，主要仪表投入率为 100%；吹灰系统可投用。

（2）带负荷试运程序。

①锅炉湿态运行第一阶段洗硅。

②自动装置投入。

③锅炉湿态转干态运行。

④锅炉最低稳燃负荷试验。

⑤汽机阀门活动试验。

⑥锅炉程序吹灰试验。

⑦汽机真空严密性试验、机组协调控制系统参数优化。

⑧锅炉进行再热汽安全阀整定校验。

⑨机组满负荷。

⑩负荷变动试验。

⑪发电机轴电压测试。

⑫锅炉燃烧调整试验。

⑬发电机漏氢量试验。

⑭进行机组一次调频功能投入试验、AGC 功能投入试验。

⑮进行辅机故障减负荷 RB 试验：

Ⅰ．磨煤机 RB 试验；

Ⅱ．送风机 RB 试验；

Ⅲ．引风机 RB 试验；

Ⅳ．一次风机 RB 试验。

⑯发电机电力系统稳定器（Power System Stabilizer，PSS）试验。

⑰其他上网安全性评价试验。

⑱机组甩负荷试验（甩 50%、100% 额定负荷）。

⑲根据机组缺陷情况安排停运，全面消缺。

（九）机组 168 h 满负荷试运行调试方案

1. 调试目的

机组通过 168 h 满负荷试运行考核，确认机组各项技术质量指标的优良程度，确认机组是否具备可靠稳定的生产能力。

2. 调试范围

机组机、电、炉、热控、化学各专业所有的系统与设备。

3. 调试项目

（1）机组负荷达到额定值稳定运行。

（2）锅炉断油、燃煤，电除尘装置投用。

（3）汽机投用全部高加。

（4）汽水品质符合要求。

（5）热控自动保护仪表投用率为 100%。

（6）机组保持稳定、满负荷运行 168 h，考核各项技术指标。

4. 必备条件

（1）机组完成带负荷调试和甩负荷试验。

（2）机组负荷达到额定数值。

（3）锅炉断油、全燃煤，电除尘投用。

（4）汽机投高加。

（5）汽水品质符合要求。

（6）热控自动装置投入率为 100%。

（7）热控保护投入率为 100%。

（8）热控仪表投入率为 100%。

（9）电气自动装置投入率为 100%。

（10）电气保护投入率为 100%。

（11）电气仪表投入率为 100%。

5. 调试程序

（1）机组启动。

（2）机组带满负荷。

（3）机组满足进行 168 h 满负荷试运的各项必备条件。

（4）机组进行 168 h 满负荷试运考核。

（5）机组连续稳定满负荷运行 168 h，考核各项技术指标。

（6）完成 168 h 满负荷试运后移交运行单位，转入试生产阶段。

第九节　调试质量目标

本着"从严管理，精心调试，追求卓越，服务满意"的质量方针，在本工程调试中制定如下目标。

一、零缺陷管理目标

（1）调试过程中调试质量事故为零。

（2）调试过程中损坏设备事故为零。

（3）满负荷试运及试生产期间机组"MFT"为零。

（4）机组启动未签证项目为零。

（5）调试原因影响机组进度为零。

（6）机组移交调试未完项目为零

（7）启动调试非自动状态为零。

（8）因电缆信号干扰引起的设备事故为零。

二、调试质量目标

（1）机组保护投入率为 100%。

（2）自动投入率为 100%。

（3）仪表投入率为 100%。

（4）机组真空严密性不大于 0.1 kPa/min。

（5）发电机漏氢量不大于 6 Nm³/d。

（6）汽轮机最大轴振不大于 0.05 mm。

（7）调整试运期燃油耗油不大于 5 000 t。

（8）不投油最低稳燃负荷率不大于 30%。

（9）汽水品质分阶段 100%合格。

（10）从点火吹管至完成 168 h 满负荷试运的天数不大于 90 d。

（11）完成 168 h 满负荷试运的启动次数为 1 次。

（12）机组调试的质量检验分项合格率为 100%。

（13）机组试运的质量检验整体优良率大于 95%。

（14）机组调试业主满意率为 100%。

（15）主要调试阶段质量一次成功。

第十节　调试质量管理体系及措施

一、调试质量管理体系

（1）为实现机组调试的质量方针和质量目标 100%的满意率，在工程调试项目中严格执行质量管理体系的各项要求及《火电工程启动调试工作规定》《火力发电建设工程启动试运及验收规程》。

（2）确定必要的调试工作环境和设备，并保证达到调试质量所提出的要求。

（3）编制符合工程要求的调试大纲，并进行会审。

（4）编制调试措施，对相关人员进行技术交底。

（5）对安装完成的设备和系统进行检查和确认，不允许因工程急需而减少这一工序。

（6）认真做好调试过程中的质量记录，确保整个调试过程的可追溯性。

（7）做好调试项目状态标识，控制调试进度。

（8）通过工程情况汇报，实现对各专业调试工作质量的监控。

（9）对调试中的不合格项目进行控制，及时分析原因并制定纠正措施。

（10）对潜在不合格项目进行相应的预防措施，杜绝隐患。

（11）对各阶段的试验项目按《火力发电建设工程启动试运及验收规程》进行验收。

（12）及时与业主沟通，了解业主的需求，更好地为业主服务。

（13）工程中及工程结束后对业主进行回访，做到业主满意。

二、调试质量保证措施

（一）建立启动调试组织机构

通过调试使机组达到各项调试技术指标，稳定运行地移交工程建设管理单位。

（二）启动调试准备

（1）根据施工综合总进度，编制启动调试总进度的目标计划。

（2）在启动调试开始前，编制"启动调试质量检验项目划分表"。

（3）在充分收集有关资料和文件的基础上，编写各专业启动调试技术措施。

（三）检验和测试设备的控制

（1）对启动调试中所使用的计量器具、仪器仪表和测试设备，在启动调试前核对其精密度和准确度，使其必须符合调试检测的要求。

（2）所使用的计量器具、仪器仪表和测试设备经地方政府授权的定点单位检定和持有检定证书。

（四）启动调试质量记录

（1）按照原电力工业部颁发的《火力发电建设工程启动试运及验收规程》的要求，结合工程的实际情况编制"质量检验及评定表"。

（2）认真完成调试记录，并编入竣工技术资料、移交工程建设管理单位。

（五）分部试运控制

（1）分部试运严格执行文件包，对安装移交的设备和系统进行必要的检验，不允许因工程急需而接收不合格的设备和系统。

（2）分部试运中及时征求业主的意见，做到业主满意。

（3）在分部试运阶段调试中，进行分系统的交接验收和文件包制度。

（4）分部试运项目的措施编写与实施。

（六）不符合项目报告及纠正

（1）对潜在不合格项目进行相应的预防措施，杜绝隐患。

（2）启动调试过程中执行不符合项目的报告及纠正。

（3）对工程在启动调试中发现的设计、施工、设备与系统不合格品，填写"工程联系单"，向监理和业主报告进行处理和纠正。

（七）整套试运控制

（1）负责编写机组整套启动试运的计划、措施。

（2）组织协调并实施完成整套启动试运中的调试工作。

（3）按《火力发电建设工程启动试运及验收规程》规定的程序完成空负荷

调试、带负荷调试及 168 h 满负荷试运，使机组安全稳定运行和达到各项技术指标。

（4）在机组整套启动试运中，按规定逐步投入各设备系统的各项保护、各项程控和自动调节装置。

（5）负责将试运中存在的问题向调试总指挥、试运指挥部汇报试运情况及提出处理意见。

（6）在机组结束 168 h 满负荷试运后一个半月内编写好启动调试技术报告，并交有关单位。

第十一节　调试安全、环境、文明管理体系及措施

一、安全、环境、文明管理目标

（1）重大设备损坏事故：0 起。

（2）人身伤亡事故：0 起。

（3）重大环境污染事故：0 起。

二、调试安全、环境、文明管理体系

在机组调试中严格执行国电公司的《安全生产工作规定》《电力建设安全健康与环境管理工作规定》《防止电力生产重大事故的二十五项重点要求》，在机组调试过程中严格遵守职业安全卫生和环境管理体系所规定的各项要求和职责，调试措施中必须含有安全及环境管理条款，以保证机组调试工作安全、有序地进行。

三、管理及预防措施

（一）总体部分

（1）严格执行《安全生产法》，按职业安全卫生和环境管理体系要求开展各项工作。

（2）在调试大纲中编制安全、环境预防措施。

（3）在调试措施中应有必须具备的安全、环境条件。

（4）定期召集安全、环境管理会议，解决各专业或项目部本身存在的各种问题。

（5）建立二级管理网络，项目经理为第一责任人，各专业负责人为管理责任人。

（二）安全管理及预防措施

（1）对调试工作中的安全状况进行分析，发现不符合的情况及时采取纠正措施，对潜在问题采取预防措施。

（2）在机组调试中严格执行国电公司的《安全生产工作规定》《电力建设安全健康与环境管理工作规程》《防止电力生产重大事故的二十五项重点要求》。项目部按此进行定期和不定期的执行情况自查。

（3）参加试运的人员工作前应熟悉有关安全规程、运行规程及调试措施，试运安全措施和试运停送电联系制度等。

（4）参加试运的人员工作前应熟悉现场系统设备，认真检查试验设备，工具必须符合工作及安全要求。

（5）对已运行设备有联系的系统进行调试，应办理工作票，同时采取隔离措施，必要的地方应设专人监护。

（6）高空作业时，严格执行相关的安全规程。

（7）试运前必须查明炉膛、空气预热器、烟道、风道、电气除尘器及其他容器内的人员已全部撤出。

（8）锅炉点火阶段防熄火及漏油事故，应加强检查燃油系统及燃烧情况。

（9）安全门的调整必须由两个以上的熟练工人在专业技术负责人的指挥下进行。安全门调整前应确认所有的安全门门座内水压试验用临时堵头均已取出、门座密封面完好无损。安全门导向环和喷嘴环所处的位置应符合出厂所规定的最终位置，并由厂家铅封确认，两环下的堵孔要堵死。

（10）吹管的排汽口不得对着设备或建筑物。

（11）吹管的临时管道、消声器、临冲门的支架结构应能承受吹管时的最大推力，临时管道与消声器的连接建议采用套接。

（12）蒸汽吹管的排气范围和操作场所应设警戒区，防烫伤或击伤事故；跨越临时管道时，需搭设临时过桥。

（13）吹管拆装靶板应采用领牌制度，以确保人员安全。

（14）吹管过程中应严禁超过临时管道、部件的承受压力。

（15）试运中应经常检查油系统是否漏油，严防油漏至高温设备及管道上。

（16）在机组甩负荷试验期间，当机组发生下列异常时，应立即使机头或主控打闸停机：

①汽机转速达到机组允许的最高转速。

②调速系统摆动无法维持机组空转。

③汽轮发电机组轴瓦温度超限。

④汽轮发电机组振动值超过定值。

⑤主汽温度下降超过规定值。

⑥汽轮机差胀，轴位移超限。

⑦调节级温降率与甩负荷前 5 min 的温度比平均下降大于 2.5 ℃/min。

⑧机组超速跳闸后，转速仍未下降。

（17）若锅炉泄压手段失灵、锅炉超压，则应立即停炉。

（18）若停机后机组转速不能正常下降，则应查明原因，采取一切措施切断汽源。

（19）若甩负荷试验在汽轮机机械超速试验一个月外进行，则需重新复校汽轮机超速试验。

（20）电气设备及系统的安装调试工作全部完成后，在通电及启动前应检查是否已经做好下列工作：

①通道及出入口畅通，隔离设施完善，孔洞堵死，沟道盖板完整，屋面无漏雨、渗水情况。

②照明充足、完善，有适合于电气灭火的消防措施。

③房门、网门、盘门该锁的已锁好，警告标识明显齐全。

④人员组织配备完善，操作保护用具齐备。

⑤工作接地和保护接地符合设计要求。

⑥通信联络设施足够可靠。

⑦所有开关设备都处于断开位置。

（21）上列各项工作检查完毕并符合要求后，所有人员应离开将要带电的设备及系统。非经指导人员许可登记，不得擅自再进行任何检查和检修工作。

（22）带电或启动条件齐备后，应有指挥人员按技术要求指挥操作，操作应按《电业安全工作规程》的有关规定实行。

（23）在配电设备及母线送电以前，应先将该段母线的所有回路断开，然后接通所需回路，防止窜电至其他设备。

（24）发电机及具有双回路电源的系统，并列运行前应核对相位。

（25）电气设备在进行耐压试验前，应先测定绝缘电阻。用摇表测定绝缘电阻时，被测设备应确定与电源断开，试验中应防止与人体接触，试验后被试设备必须放电。

（26）热控冲洗仪表管道前应与运行人员取得联系，冲洗的管道应固定好。初次吹管压力一般应不大于 0.49 MPa，吹管时管子两端均应有人并相互联系。初次冲洗时，操作一次门应有人监护，并先做一次短暂的试开。

（27）运行中的表计需要更换或修理而退出运行时，仪表阀门和电源开关的操作均应遵照规定的顺序进行泄压、停电，在一次门和电源开关处应挂"有人工作，严禁操作"标示牌。

（28）远方操作设备及调节系统执行器的调整试验，应在有关的热力设备、管道未冲压前进行，否则应与有关部门联系并采取措施，防止误排汽、排水伤人。

（29）被控设备、操作设备、执行器的机械部分、限位装置和闭锁装置等，未经就地手动操纵调整并证明工作可靠的，不得进行远方操作。进行就地手动操作调整时，应有防止他人远方操作的措施。

（30）在远方操作调整试验时，操作人与就地监护人应在每次操作中相互联系，及时处理异常情况。

（31）成套控制装置和自动调节系统试投前应使机组处于稳定运行工况，使有关设备、系统工作正常，并采取必要的保护措施。试运中应密切注意机组的运行情况及被试验设备系统各个部分的动作情况，若有异常，则应立即停止试验。

（32）搬运和使用化学药剂的人员应熟悉药剂的性质和操作方法，并掌握操作安全注意事项和各种防护措施。

（33）化学清洗系统时的安全检查应符合下述要求：

①与化学清洗无关的仪表及管道应隔绝。

②临时安装的管道应与清洗系统图相符。

③对于影响安全的扶梯、孔洞、沟盖板、脚手架，要做妥善处理。

④清洗系统中的所有管道，焊接应可靠，所有阀门、法兰及水泵的盘根均应严密，应设防溅装置，防备漏泄时酸液四溅。还应备有毛毡、胶皮，垫塑料布和卡子，以便漏酸时包扎。

⑤玻璃转子流量计应有防护罩。

⑥高温介质的管道必须保温。

（34）清洗过程中应有检修人员值班，随时检修清洗设备的缺陷。

（35）清洗过程中应有医护人员值班并备有相应的急救药品。

（三）冬季机组防冻预防措施

（1）严冬季节试运时，现场要考虑防冻措施，厂房空调、暖通系统要确保正常投用，厂房内温度不得低于 5 ℃，以确保不冻坏设备。

（2）在气温低于−2 ℃时，锅炉的炉本体、冷却水、循环水、工业水、凝结水、除氧器等容器和系统要采取放水、保温、防冻等措施，防止管道、设备、阀门冻坏。夜间厂房大门要及时关闭。

（3）热控仪表、信号管、电机等设备在冬季时做好防冻工作，加热装置要确保完好、可用，并有专人负责投用。

（4）在气温低于−2 ℃时，户外容器、水箱、化学除盐水系统要做好防冻措施。

（四）环境管理及预防措施

（1）化学清洗前检查临时系统的安装质量，防止管道泄漏。

（2）化学清洗临时系统的酸泵、取样点、化验站和监视管附近需设水源，用胶皮软管连接，以备阀门或管道泄漏时冲洗用。

（3）化学制水、化学清洗产生的废液应经综合处理后达标排放。

（4）锅炉吹管的临时管道排放口应加消声器，减少蒸汽排放时产生的噪声。在调试中产生的废渣、废气、废液、污水、噪声，其指标要在调试措施中予以明确，通过各种可靠措施力求减少到最低限度，其排放的去向应有明确规定，禁止乱排放，严格遵守地方环保法规。

（五）文明调试管理及预防措施

（1）树立文明调试的意识，工作完、场地洁。

（2）调试用的工具、器具应保护、保养好，确保器具的完好。

（3）调试用的试验与测量仪器、仪表应维护、保养，经检定合格并在准用期内。

（4）不在调试现场禁止吸烟区内吸烟。文明、安全行为一贯化。

（5）调试人员统一着装，佩戴相应标识，各种行为符合相应的规定。

（6）严格执行调试技术纪律，不得随意修改设计图纸、制造厂技术要求、部版规程规定，要变更技术要求、规范等时，须经有关方面确认批准后方可进行。

（7）加强对设备成品的保护，在调试过程中采取有效方法，不使成品受到损伤。

（8）化学专业用的固、液体药品要有检验后的合格证，物品的堆放位置明确、标识明显，并确保安全距离，防止质变。

（9）办公室内的生活用品、文件等归放整齐、合理。做好防火、防雨、防盗措施，定期进行大扫除，保持室内整洁。

四、重大事故预防措施

（一）防止汽轮机磨轴烧瓦事故的措施

（1）机组启动前各油泵应试运合格、联锁可靠，保证运行中润滑油压降低后交、直流油泵能可靠投入，并保持足够油压。机组启动过程中应由专人监视各轴承润滑油压及流量。

（2）在冷油器切换前必须排净备用冷油器内的空气，充满油后再停下运行的冷油器，并注意监视油压。

（3）机组定速后进行油泵切换时，应密切注意各润滑油压力值，如有意外应迅速及时抢合备用油泵。

（4）机组进行超速保护功能试验、打闸试验等重要试验时，应在试验前投入备用油泵的运行。

（5）机组运行中出现异常情况时，如厂用电失去、保安电源故障、DCS 系统失灵等，应及时采取措施，抢合备用交流或直流油泵。

（6）为防止备用油泵因长期放置而使泵内存留空气影响泵的运转，机组在运行中须定期启动交直流润滑油泵，确认电流、油压等正常后方可停泵投备用状态。

（7）机组在运行阶段应严密监视油系统各滤网差压。发现问题及时处理。

（8）做好油系统冲洗循环工作，保证油质清洁，尽早投入油净化装置。

（二）制粉系统防爆措施

为防止制粉系统发生爆炸事故，制定如下措施：

（1）制粉系统在投运前应完成风压试验并验收合格。

（2）加强调整、控制磨煤机出口风粉混合物温度不超过 80 ℃，并及时掌握煤种的变化情况，以便加强监视和巡查。

（3）对制粉系统上的防爆门加强检查、管理工作，保证其安全、可靠工作。

（4）蒸汽消防系统调试结束，具备投入条件。

（5）磨煤机正常停用后，对磨煤机和一次粉管充分进行抽粉；磨煤机紧急停运时，应采取措施，防止积粉自燃。

（6）磨煤机停运后，应严密监视磨出口温度，发现有异常温升现象应及时投入消防蒸汽，防止磨内发生自燃现象。

（7）调平一次风管的阻力，保证煤粉管中的输粉速度大于 18 m/s，以免煤粉沉积或粉管堵粉，保证供粉均匀。

（8）加强煤场管理，防止易燃、易爆物品进入磨煤机。

第十二节　计划调试工期

WX 电厂一期（2×600 MW 机组）工程 1 号机组计划调试工期为 9 个月，1 号机组调试工作从 2023 年 1 月开始（热控 DCS 装置调试准备）到 2023 年 9 月结束。2 号机组计划调试工期为 9 个月，调试工作从 2023 年 3 月开始（热控 DCS 装置调试准备）到 2023 年 11 月结束。调试控制节点工期分别如下。

一、1 号机组调试控制节点工期

（1）1 号机组热控 DCS 装置复原调试：2023 年 1 月完成。

（2）1 号机组厂用电受电：2023 年 2 月完成。

（3）1 号机组化学清洗：2023 年 6 月完成。

（4）1 号机组蒸汽吹管：2023 年 8 月开始。

（5）1 号机组整组启动及带负荷试验：2023 年 8 月开始。

（6）1 号机组 168 h 满负荷试运完成时间：2023 年 9 月。

二、2 号机组调试控制节点工期

（1）2 号机组 DCS 系统带电及复原调试：2023 年 3 月开始。

（2）2 号机组厂用电带电：2023 年 4 月完成。

（3）2 号机组化学清洗：2023 年 8 月完成。

（4）2 号机组点火吹管：2023 年 10 月开始。

（5）2 号机组整套启动：2023 年 10 月开始。

（6）2 号机组首次并网：2023 年 10 月完成。

（7）2 号机组 168 h 满负荷试运：2023 年 11 月结束。

第十三节　降低消耗确保工期的措施

一、节油措施

（1）提高分系统试运的质量，安装单位严把施工质量关，确保系统内部清洁、严密不漏、测点正确、设备投入可靠，使分系统在联合启动时能按要求顺利投入，减少机组启动后分系统的消缺项目和缩短等待时间。

（2）提高燃油管道及雾化蒸汽系统管道的吹扫质量，保证各油枪顺利投入。必要时应进行油枪的解体清扫、检修工作，并进行油枪冷态雾化试验和出力测定，以利于燃油量调整。

（3）提高油枪的调试质量，保证油枪动作正常，点火顺利。尤其是在每次启动前，进行油枪、点火枪进退功能传动，保证油枪处在完好状态，并能随时投入。

（4）锅炉点火前应尽早投入除氧加热系统，提高给水、炉水温度，缩短冷态升压时间。

（5）在进入整套启动前，按化学监督措施做好冷态冲洗工作，确认水质合格后才能点火试运。

（6）热紧工作应及早组织好，缩短等待时间。

（7）蒸汽吹管采用一、二次汽串吹的方式，在保证质量的前提下减少吹管的次数和时间。在吹管后期，尽早安排投粉，以节约燃油。

（8）做好热工信号电缆的检查工作，确保不会因电缆信号干扰而发生停机事故。

（9）精处理根据凝结水水质情况尽早投入，缩短带负荷洗硅时间，即缩短低负荷试运时间。

（10）在带负荷及满负荷试运期间，根据机组的试运情况，合理地增减油枪，避免不必要的燃油消耗；在确保锅炉运行安全的前提下，尽早断油。

（11）汽机专业采取措施提前进行暖机工作，减少暖机时间，达到降低油耗的目的。

（12）汽机升速、定速过程中，合理安排电气、汽机试验工作穿插进行，缩短空载试验时间。

（13）有关方面做好设备备品、备件的准备工作，试运期间一旦出现缺陷能及时消除，减少低负荷等待时间。

（14）试运指挥部应提前安排好煤、水、油、电的供应及与电网调度的联系，使机组在试运时减少等待时间。

（15）合理制订调试计划，制定各阶段的调试程序和目标，以便各方做好组织和安排工作。

二、机组轴振降低措施

根据引起 600 MW 机组轴系振动的因素，在安装和调试中应加强以下工作和对策：

（1）确保机组汽缸膨胀滑销系统热态能可靠地运行。"猫爪"与轴承座间用螺栓相联结并留有适当的间隙，使"猫爪"能自由胀缩。轴承座两侧压板留有足够的间隙，允许轴承座在基础台板上轴向滑动。前轴承座穿过"猫爪"的螺栓与孔、螺母、"猫爪"平面间均留有足够的间隙，允许"猫爪"自由热胀。此外，在启动前向各轴承座的键和各轴承的压板注入润滑脂，以减少热胀位移的摩擦阻力。

（2）按制造厂的要求完成各轴承找中工作，汽轮机、发电机组轴承由高压转子、中压转子、两低压转子及中间轴、发电机转子和励磁机转子组成。除励磁机外，每一转子各自支承于两径向轴承上，有 11 个轴承。轴承找中时，可按各联轴器未连接情况下联轴器平面处于张口和错位值加以调整。对每个转子的静扰度，最后总装时，借助于各轴承处不同的抬高量（抬高量中还要考虑各轴承支座热态不同热胀），进行各跨转子静扰度于垂直方向上的叠加，将转子调整成在热态为连续光滑弧线，使转子在旋转时只承受扭矩而无附加的弯矩作用，以确保轴系具有良好的振动特性。

（3）因轴系的临界转速高于各转子各自的临界转速，故在机组启停过程中均应密切透视各轴承的振动值，并迅速越过临界转速。同时在保持机组暖机时，要避开低压叶片的共振转速。

（4）防止联轴器中心找正偏差大，将发电机定子、转子和复水器等大件尽早就位，以减少负载引起的基础沉降的影响，将复水器灌水至运行位置以在模拟运行状态时进行找正。同时针对自联轴器中心初找至机组启动相隔时间较长的问题，采取不同阶段多次找正。为防止联轴器连接时的同心度偏差大，应认真检查联轴器端面凸肩的晃度，将其控制在不大于 0.02 mm 范围内。严格控制联轴器连接螺栓的紧固力矩，做到比制造厂标准偏差小 5%，复校联轴器连接的同心度符合部颁标准。联轴器连接螺栓在对称位置的重量偏差量小于 3g/套。联轴器的凸缘和垫片凹口要相匹配以达到定中心的作用，借助于改变联轴器的垫片厚度，可调整冷态各转子相对应静子的位置以确保热态达到设计的动、静间隙值。

（5）汽轮机通流部分的动、静部件之间，为避免碰磨，须保留有一定的间隙，汽缸端壁的前、后汽封，转子通过隔板中心的隔板汽封，以及动叶顶部围带汽封的安装，要符合制造厂家的要求。由于上、下缸温差及低压汽封温度过高或过低造成缸的变形而引起动、静间的摩擦，因此在机组的启动及运行调试过程中须严格控制如下参数：

①进入汽机各主汽阀的蒸汽温度差保持在 13.9 ℃ 以下。

②控制主汽阀入口处的蒸汽温度，使调节级后蒸汽温度和金属温度相匹配；调节级后的蒸汽温度小于 55.6 ℃。

③主汽阀蒸汽室内的深孔热电偶与浅孔热电偶的最大温差小于 83.3 ℃。

④进入汽机汽封内的蒸汽温度应保持 13.9 ℃ 以上的过热度，以防止蒸汽带水冷却轴颈而造成转子收缩引起振动。

⑤低压汽封蒸汽温度下限为 121.1 ℃，上限为 176.7 ℃。

⑥汽缸上、下缸温差小于 41.7 ℃，最大不超过 55.6 ℃。

⑦低压排汽缸蒸汽温度小于 79.4 ℃，最大不超过 121.1 ℃。一旦发现汽缸上、下缸温差突然上升至 55.6 ℃，或抽汽、蒸汽管道有振动，就要怀疑汽机进水的事故正在进行中。为防止进水对汽机可能导致的损伤（叶片与围带损

伤、推力轴承损伤、转子裂损、持环裂损、转子永久弯曲、固定部件永久变形和汽封齿破碎等），必须紧急停机，关闭进汽或抽汽管道的隔离阀，开启全部在抽汽管道上和汽轮机受影响区域内的疏水阀等防进水操作。

（6）各轴承在安装中要严格按照制造厂家的要求进行。同时，油系统管道的油冲洗要符合制造厂家的油质颗粒度要求，以防止运行中轴瓦乌金受损引起机组振动。运行调试中为防止油膜不稳，润滑油进油温度须维持在 37.7 ~ 48.9 ℃。

（7）根据引进西屋 300 MW 氢冷发电机组的经验，发电机氢密封瓦如果热胀不均或膨胀不畅就易引起振动，是因为发电机氢密封瓦对密封油温度的影响较敏感。发电机内的氢温差过大，易造成发电机转子热胀不均而引起轴系动不平衡。同样，励磁机内的风温差过大，也易造成发电机转子热胀不均而引起轴系动不平衡。因此，在机组运行调试中须维持氢、油、水系统满足如下参数：

①发电机轴承进油温度维持在 37.7 ~ 48.9 ℃。

②发电机密封瓦进油温度维持在 43 ~ 49 ℃。

③发电机冷却水温略高于氢温 2 ~ 3 ℃。

④发电机氢冷却器出口氢温略高于密封油温且各氢冷却器出口的氢温差维持在 2 ~ 3 ℃。

⑤励磁机的左右风温差维持在 2 ~ 3 ℃。机组运行中的氢、油、水温度调节一般为：氢温 > 氢侧密封油温 > 空侧密封油温 > 轴承进油温。

第二编　600 MW 机组分部试运

第二章　分部试运内容

第一节　分部试运的概念及内容

分部试运是工程项目在完工启用之前，对部分项目设施进行的检查和试验运行，以确认其性能和运行条件是否符合设计和使用要求的过程。此举的目的是确保所有设备的安全和可信赖性，保证工程项目的功能和使用寿命。在这个过程中，由于只涉及部分设备和设施的试运行，因此称之为分部试运。

分部试运是指从高压厂用母线受电到整套启动调试试运前的辅助机械及系统所进行的调试工作。其中分部试运分为单机试运和分系统试运两个部分。单机试运的主要任务是完成单台辅机的试运（包括相应的电气、热控保护）。分系统试运是指按系统对其动力、电气、热控等所有设备及整个系统进行空载和带负荷的调整试运，是电力建设施工的一个重要环节，是对电力设备制造、设计、安装质量的动态考核和检验，是机组能否顺利进行整套启动试运和顺利投产并迅速形成生产能力的关键工序。

一、单机试运

单机试运是指单台辅机的试运。单体调试是指各种部件、元件、组件、设备、装置的调试。单机试运和单体调试由总承包商负责组织安装分包商完成，合同规定由设备供货商负责单体调试的项目，必须由总承包商组织调试、安装、运行等单位检查验收。单机试运和单体调试验收不合格的项目，不能进入分系统试运和整套启动试运。总承包商要监督检查单机试运情况，按相应规程规范进行审查、验收，以便在分系统试运和整套启动试运中能尽快使调试工作按进度计划顺利完成。单机试运和单体调试合格后，才能进入分系统试运。单机试运和单体调试的记录和报告应由总承包商负责整理、提供。

（一）单机试运的目的

在辅机设备安装结束之后，为全面检查该设备及相应的设计、施工等的质量好坏，保证其能顺利进入分系统试运阶段，须进行设备的单机试运。在试运中发现的各项由于设计、施工、设备等原因引起的问题，要及时与相关方进行协调处理和解决。热工仪表及控制装置和电气设备必须进行单机（体）校验、调试，并符合现场使用条件。

（二）单机试运应具备的条件

（1）检查设备的安装质量，应符合设计图纸、制造厂技术文件及有关规范要求。

（2）设备单机试运现场应满足安全要求，并方便运行、操作和检修。

（3）现场道路畅通，脚手架已拆除，沟道和孔洞盖板齐全，楼梯、栏杆已装好，周围环境清理干净。

（4）现场有足够的照明，安全防护措施到位。

（5）仪表实验室应清洁、安静、恒温、光线充足，不应有振动和较强电磁场的干扰。室内应有排水设施。

（6）校验用的标准仪表和仪器应具备有效的检定合格证书，封印应完整。

（7）仪表和控制装置及有关设备外观完整无损，附件齐全，型号、规格和材质应符合设计规定。

（8）校验用的连接线路、管路正确可靠。

（9）电气绝缘符合国家仪表专业标准或仪表安装使用说明书。

（10）试验用电源电压稳定，气源应清洁、干燥。

（11）仪表和控制装置及有关设备的校验方法和质量要求应符合国家仪表专业标准或仪表使用说明书。

（12）仪表控制装置及有关设备校验调试后，应做校验记录。如对其内部电路机构或刻度等做了修改，则应在记录中说明。

（13）就地安装仪表经校验合格后，应加盖封印。有整定值的就地仪表，调校定值后，应将调定值机构漆封。

（三）单机试运的内容

在本标段范围内的热工仪表及控制装置，电气仪表、设备。

在本标段范围内的各种转动机械。

二、分系统试运

分系统试运是在单机试运合格且办理了有关签证的基础上进行的。分系统试运是对机组各分系统进行程序试验和带负荷试验，考验系统的工程质量，确定其是否具备参加整套试运行的条件。

（一）分系统试运应具备的条件

（1）设备和系统安装符合设计图纸和施工及验收技术规范的要求，并已办理质量检验及评定签证。

（2）分系统内的附属机械及相关的仪表、装置等单机试运工作已经完成，并已办理有关签证。

（3）调试现场的场地、道路、供水、照明、通信、空调和消防等设施符合调试必须具备的条件。

（4）分系统试运的安全准备工作，包括警告牌、指示牌、消防器材、隔离拉线等已准备好，调试所需的工具、仪器、仪表、材料、记录表格、文具已准备就绪。

（二）分系统试运的内容

分系统试运由总承包商组织调试分包商完成，调试分包商应编制分系统试运计划、方案和措施，并提交总承包商和发包人审查。总承包商在分系统试运的 48 h 前通知发包人/监理工程师参加。若发包人/监理工程师不参加验收，则总承包商可自行组织分系统试运，发包人/监理工程师应确认其验收记录有效。分系统试运的记录和报告应由总承包商负责整理、提供。分系统试运合格后，发包人/监理工程师、总承包商等参加验收单位均应在"分系统试运签证验收卡"上签字。如果由于总承包商的原因使分系统试运达不到验收要求，那么发包人/监理工程师在试运后 24 h 内提出修改意见，由总承包商按其意见修改后重新调试。验收不合格的项目不进入整套启动试运。

第二节　分部试运前的准备工作

在进行分部试运之前，首先的工作是制订详细的分部试运计划，包括试运的设备和系统范围、试验项目和内容、试运的时间和过程、参与人员等。其次是对试运的设备和系统进行全面检查，包括设备的完整性、设备的清洁程度、设备运行的条件等。

在设备检查完成后，就是设备试运的前期准备，主要是启动设备和系统，进行设备的预热、设备的初始设置，以便使设备进入试运状态。同时需要安排人员对试运进行监视，记录实时信息，以备后期分析总结。设备试运过程中可能出现的问题，也需要事先考虑并准备好相应的应对措施。

一、建筑施工应满足的条件

（1）与分部试运相关的土建、安装工作已结束，并已按规范验收签证，技术资料齐全。

（2）试运区域的场地、道路、栏杆、护板、消防、照明、通信等符合职业健康安全和环境要求及试运工作要求，并有明显的警告标识和分界。

（3）试运区的脚手架、梯子、平台、栏杆、护板等符合安全和试验的要求。

（4）排水畅通，排污系统可投用。

（5）配备必要的消防设施。

（6）具有通信设施或采取临时通信措施，保证通信联络正常。

（7）有必要的防冻措施、防暑降温和防雨措施。

二、安装应满足的条件

（1）系统的设备、管道、阀门、泵安装完毕；各类阀门就地、远操启闭灵活，反馈信号正确，严密性合格。

（2）系统在线各类仪表应安装完毕，可以投入运行。

（3）动力电源、控制电源、照明及化学分析用电电源均已施工结束，可安全投入使用。

（4）热控系统设备、缆线应安装完毕，具备操作条件。

（5）系统内的各转动机械试运结束，经验收签证，可投入运行。

三、生产准备应满足的条件

（1）参加试运的值班人员经过上岗培训，并服从调试人员的安排。

（2）运行规程、运行记录报表、系统图册齐全。

（3）系统中的各种设备、阀门已悬挂标识牌。

（4）配电间、电子设备间、实验室的消防器材齐全。

（5）分部试运所需的测试仪器、仪表已配备并符合计量管理要求。操作人员已经培训合格。

（6）分部试运的设备和系统已与非试运的系统可靠隔离或隔绝。

第三节　分部试运的工作内容

一、分部试运的工作原则

（1）单机试运不合格不得进入分系统试运。

（2）分系统试运期间，任何辅机试运应投入相关保护系统且在 DCS 远方操作。

（3）分系统试运前，各项基本条件应满足并执行条件检查确认制度。

（4）执行技术及安全交底制度。

（5）执行调试过程签证制度。

（6）分系统试运完成后应执行设备与系统代保管制度。

（7）分系统试运结束后应进行调试质量验收。

（8）分系统试运不合格不得进入整套启动调试。

二、分部试运的工作内容

在分部试运中，基本工作内容包括设备运行试验、设备性能试验、设备系统间协同运行试验以及设备专项功能试验。设备运行试验主要是确认设备可以正常启动并稳定运行。设备性能试验是确认设备的运行性能是否符合设计要求和使用要求。设备系统间协同运行试验是确认设备与其所在的系统以及与其配套的设备可以协调运行。设备专项功能试验是对设备的某些特殊功能进行验证。

在以上4种试运内容的基础上，还需要对设备的操作方法和维护方法进行试验，以便为现场操作人员和维护人员提供充足的实践知识。试运过程中出现的问题，需要及时记录并分析总结，以便采取纠正措施，包括调整设备参数、修改设备设置、修复设备故障等。分部试运结束后，需要及时对试运的结果进行总结，并根据总结的结果对设备进行调整和优化，以保证其在接下来的工程项目中可以稳定可靠地运行。

分部试运工作内容的具体步骤如下：

（1）组织运行人员完成试运设备和系统的阀门、测点、报警信号单体调试验收传动试验。

（2）组织运行人员完成设备和系统的联锁保护传动试验，检查确认其正确性和完整性。

（3）组织完成分系统试运前调试措施的技术及安全交底，并做好记录（表2-1）。

表 2-1　调试措施交底记录表

项　目					
主持人		交底人		交底日期	
交底内容					
参加人员签到表					
姓　名	单　位		姓　名	单　位	

（4）组织完成分系统试运前试运条件检查和签证（表 2-2）。

表 2-2　分系统试运条件检查确认表

工程名称：机组

专　业：　　　　　　　　　　　　　　　　　　　　系统名称：

序　号	检查内容	检查结果	备　注

续表

结　论	经检查确认，该系统已具备系统试运条件，可以进行系统试运工作。		
施工单位代表（签字）：		年　　月　　日	
调试单位代表（签字）：		年　　月　　日	
监理单位代表（签字）：		年　　月　　日	
建设单位代表（签字）：		年　　月　　日	
生产单位代表（签字）：		年　　月　　日	

（5）确认试运系统安全阀校验合格。

（6）确认试运系统管道压力试验合格。

（7）组织运行人员完成试运设备和系统试运前的状态检查和调整。

（8）按照调试措施组织完成分系统试运，并做好试运记录。

转动设备监视数值限额规定如表 2-3 所列：

表 2-3　泵的振动速度有效值的限值

泵的类别	泵的中心高/mm			振动速度有效值 /(mm·s⁻¹)
	≤225	>225~550	>550	
	泵的转速/(r·min⁻¹)			
第一类	≤1 800	≤1 000	—	≤2.8
第二类	>1 800~4 500	>1 000~1 800	>600~1 500	≤4.5
第三类	>4 500~12 000	>1 800~4 500	>1 500~3 600	≤7.1
第四类	—	>4 500~12 000	>3 600~12 000	≤11.2

注 1：卧式泵的中心高指泵的轴线到泵的底座上平面间的距离。

注 2：立式泵的中心高指泵的出口法兰密封面到泵轴线间的投影距离。

轴承温度在厂家无规定时，应符合表 2-4 的规定：

表 2-4　轴承温度数值限额

轴承类型	轴承金属温度	正常工作温度/℃	瞬时最高值/℃	温升/℃
滚动轴承	轴承金属温度	<70（≤环境温度+40）	≤95	≤60
滑动轴承		<75	—	—
	轴承回油温度	≤进油温度+20	—	—
	轴承合金温度	≤进油温度+50	—	—

（9）分系统试运合格后填写调试质量验收表（表 2-5），由监理单位组织有关单位验收签证。

表 2-5　分系统试运分项工程质量验收表

工程名称：　　　　　　　　　　　　　　　　　　　编号：

单位工程名称		分项工程名称		
检验项目	单位	质量标准	检查结果	结论
联锁保护		全部投入，动作正确		
状态显示		正确		

验收结论：

施工单位（签字）		年　　月　　日	
调试单位（签字）		年　　月　　日	
生产单位（签字）		年　　月　　日	
监理单位（签字）		年　　月　　日	
建设单位（签字）		年　　月　　日	

（10）编写分系统试运报告。

第三章　循环冷却水系统

第一节　工作原理及系统介绍

冷却水系统是一个能量转移系统，它通过将热能移动到一个远离生产设施的地方来降低生产设施的热量。冷却水系统的基本工作原理是：冷却水通过泵从冷却水塔里面流出，然后流动到各种需要冷却的设备中，如反应器、冷凝器等。取走这些设备的热量后，冷却水温度升高，然后返回冷却塔，在那里通过蒸发和热交换，将热量释放到大气中，并使水冷却下来。

这个系统主要由冷却塔、循环水泵、热交换设备和管道系统等组成。每个部分都在整个系统中起着至关重要的作用。

第二节　主要设备的结构和运行特点

一、冷却塔

冷却塔是一个散热装置，通常通过将变温湿空气与流动的水接触从而使水冷却。冷却塔的填料非常重要，因为它提供了足够的表面积以促进空气和水之间的热量交换。

二、循环水泵

循环水泵是为凝汽器提供循环冷却用水的水泵。这种水泵的特点是水量大、扬程低，它是火力发电厂中重要的且耗电较多的辅机，要求具有较高的可靠性和经济性。

三、热交换设备

热交换设备是冷却水系统中的重要组成部分，有助于快速去除冷却水中的热量，其高效、省时、实用。

第三节   系统调试

调试前应先检查设备是否安装正确，阀门和仪表是否完好，并确认各个部件的序列是否正确；确认电源接入后，开始设备的空运行测试，检查设备是否有异常振动和噪声；空载运行测试正常后，进行负载运行测试，检查冷却水系统在满负荷工作下是否稳定。

一、循环冷却水系统常规调试项目及内容

（1）循环水泵试运及系统投运。

①循环水泵出口蝶阀调试。

②循环水管道注水排空。

③循环水泵试运。

④贯流式冷却机组，应根据机组的运行工况调整凝汽器循环水管道出口阀的开度，调节循环水压力满足设计要求。

⑤采用变频或双速电机调节的循环水泵，应分别进行变频或低速、高速调节试验。

（2）冲洗水泵及旋转滤网试运。

①旋转滤网功能调试。

②冲洗水泵试运。

③冲洗效果试验。

（3）冷却塔投运。

①水池自动补水系统调试。

②冷却塔淋水槽、填料检查及淋水均布调整。

（4）循环水系统二次滤网调试。

二、循环冷却水系统深度调试项目及内容

（1）系统阀门自动试验系统中，所有的冷却水调节门均能够全程投入自动

控制。

（2）系统冲洗循环冷却水系统内的各冷却器进水前，对相关管道进行冲洗，水质达到 GB/T 12145—2016《火力发电机组及蒸汽动力设备水汽质量》的要求，全铁系统（25 ℃）：pH 值不小于 9.5，电导率不大于 30 ms/cm。

（3）液控蝶阀液压油站。

液压油站的安装位置合理，油箱油质符合要求，防水措施完备。

（4）液控蝶阀开关时间。

根据试运情况对液控蝶阀的开启时间、关闭时间进行调节，确保循环水泵启停时系统平稳，无水锤现象，并记录开关时间。

（5）循环水泵事故互联。

进行循环水泵事故互联试验，测试凝汽器的断水时间，估算对机组真空的影响，试验过程不影响机组的正常运行。

（6）旋转滤网冲洗水。

安装喷头后检查旋转滤网冲洗水的实际冲洗效果。

（7）用户冷却水水量分配调整。

根据试运需要合理调配各用户冷却水量，尽量降低水泵能耗。

第四节　常见问题及处理方法

（1）冷却效果不明显：可能是因为冷却水循环不畅或者冷却塔的散热效果不好。解决方法是定期清理喷头和冷却塔喷雾系统，或增加冷却水的流量。

（2）水泵频繁启停：可能的原因是泵的自动控制失灵或自吸性能差。处理办法是对其进行调试或修理，或更换新的水泵。

（3）设备腐蚀严重：可能的原因是样线中 pH 值过低或过高，导致设备出现化学腐蚀。解决办法是在冷却水中添加适当的缓蚀剂，维持适宜的 pH 值。

（4）系统冲洗可采用开放式冲洗与循环冲洗相结合的方式，临时补水管道应接入闭式冷却水泵入口侧管道，临时排水管道应接入闭式冷却水泵出口侧管道。

（5）系统中的各热交换器进出口管道应选择临时管道环通方式冲洗。

（6）系统冲洗时，闭式冷却水泵的入口应按照设备供货商的要求加装临时滤网。

（7）循环冷却水泵启动前应确认泵体及管道已注满水、空气排尽。

（8）系统涉及的热交换器应在系统的冲洗水质合格后方能投用。

（9）循环水系统首次通水前，前池至循环水泵入口区域应清理干净。

（10）循环水泵首次启动前，宜利用冲洗水泵等方式进行循环水管道注水排空。

（11）首次启动循环水泵时，应先点动循环水泵，检查异声、振动、仪表、系统及泵体泄漏等。

（12）循环水泵首次启动前，宜解除出口蝶阀联锁开启的控制功能，阀门开启暂由手动控制，防止循环水管道水冲击。

（13）循环水泵停泵时，应监视是否有水锤现象发生。

（14）循环水泵试运时，应检查备用循环水泵是否倒转。

（15）北方地区冬季循环水泵试运时，应注意防冻。

第四章　润滑油系统、顶轴油系统及盘车装置

第一节　工作原理及系统介绍

一、润滑油系统

汽轮发电机组润滑油系统为汽轮机和发电机的轴承、联轴器及盘车系统提供润滑、冷却用油，保证机组的正常启停和运行。该系统随技术的进步而不断完善和改进，发展到现在主要有两种形式，即汽轮机主轴驱动主油泵系统和电驱动主油泵系统。

润滑油系统包括 2 台交流润滑油泵、1 台直流危急润滑油泵、润滑油箱、润滑油箱排油烟风机、油净化装置、润滑油补油泵、贮油箱及其相应管道和附属装置。正常运行工况下 2 台交流润滑油泵一用一备，执行定期切换工作。直流危急油泵仅在试验工况下或 2 台交流润滑油泵失去后，透平机紧急停运时使用。

系统布置有两种方式，一种是采用高位缓冲油箱，即主油泵把润滑油打入高位油箱，然后由高位油箱到各用油点，并在每个轴承箱的上部设有事故应急油箱，用于事故工况。电动主油泵出口的润滑油经过冷油器冷却后送到高位油箱，因此泵的出口压力只需克服管路、冷油器压损、泵同高位缓冲油箱的安装高差就可以了，该系统润滑油压由高位油箱的高度来保证。在事故工况下，工作油泵的供油不能满足系统的需要，高位缓冲油箱的油位下降到一定位置时，备用油泵启动，当其油位继续下降到一定油位时，直流事故油泵自动启动，直接将润滑油送入轴承润滑油母管，同时，机组打闸停机。高位油箱的缓冲作用使事故工况的备用油泵有足够的启动切换时间，这样的系统配置非常可靠，但由于采用了高位油箱，其布置具有一定的难度，而且系统的管道比较多，因此系统复杂。另一种方式是润滑油升压后经冷油器进入轴承，取消前一种形式中的高位油箱。采用这种方式的润滑油系统，电泵出口压力都比较高，一般在

0.5 MPa 以上，系统加入了调压装置。压力油经过压力调节后满足轴承进油压力（0.1 MPa 左右）的需要。其提高泵出口压力的目的是有利于事故工况备用泵的切换，使切换过程中轴承的进油压力不至于低到机组跳闸的控制值。

二、顶轴油系统

在机组盘车、启动、停机的过程中，顶轴装置在各轴承中都投入了顶轴油。顶轴装置是汽轮机组的一个重要装置，它在机组盘车、停机过程中起顶起转子的作用。发电机组的椭圆轴承均设有高压油囊，顶轴装置所提供的高压油在转子和轴承油囊之间形成静压油膜，使转子顶起，避免透平机低转速过程中轴颈和轴瓦之间的干摩擦，减少转矩，对转子和轴承的保护起重要作用。

顶轴油系统对油质的清洁度要求较高，含有颗粒或杂质的润滑油可能会导致整个系统的供油管线、轴承喷油嘴堵塞，或者导致轴承、瓦块的磨损。机组安装调试完毕、机旁油路必须在清洗合格后，顶轴油系统可通过控制室远程或就地操作启动。只有当机旁润滑油供油压力正常（如果系统从机旁进油管路供油）时才允许启动顶轴油系统的增压泵。

顶轴油系统启动后，系统的输出压力会持续上涨至正常工作压力并维持在此压力输出。在此期间，由于受到高压油冲击的影响，透平机转子会有持续的位移浮动，并维持在一较小的数值。在顶轴油系统运行一段时间后，只有当系统输出压力达到设定值，才允许机组进行盘车。可以将系统的输出压力作为盘车装置的运行启动条件。

第二节　主要设备的结构及运行特点

一、盘车装置

汽轮机的盘车装置是一种用于汽轮机启停过程中的安全装置。它用于控制和保护汽轮机在启动和停机过程中的安全运行。汽轮机的盘车装置通常包括以下几个部分：

（1）控制系统：包括控制台和控制元件，用于控制盘车过程中的各种操作，如启动、停机、调速等。

（2）保护系统：用于监测汽轮机运行过程中的各种参数，如压力、温度、转速等，并根据预设的保护逻辑进行判断和保护。

（3）信号系统：用于传输信号，如启动信号、停机信号、故障信号等，以实现各个部件之间的协调和联锁。

（4）机械部件：包括启动器、离合器、冷却器等，用于实现汽轮机的启动和停机。

在汽轮机的启动过程中，盘车装置可以通过控制加热器、关闭旁路阀等措施来保证汽轮机的安全启动。在汽轮机的停机过程中，盘车装置可以通过控制冷却器、打开旁路阀等措施来降低汽轮机的运行参数，以实现安全停机。

总之，汽轮机的盘车装置是一种重要的安全装置，能够保证汽轮机在启停过程中的安全运行，避免潜在的危险和故障。

二、润滑油系统

润滑油系统由润滑油站、中间连接管路、控制阀门和检测仪表所组成，其中润滑油站由油箱、油泵、冷油器、压力调节阀、各种检测仪表、油管路和阀门等组成。润滑油站上的所有设备均安装在一个钢结构底盘上，构成集装式供油系统，用户只需进行外部连接。

全电动主油泵润滑油系统的构成如图 4-1 所示，油站主要由主、辅油泵（各 1 台，互为备用，均采用交流油泵）及 1 台紧急直流油泵构成，并且在每台泵的出口均设置了逆止阀。油站出口设置冷油器和滤油器，滤油器后设置手动和自力式溢油阀，自力式溢油阀的压力反馈点设置在润滑油系统母管处。系统在润滑油供油母管前设置了 2 台 100 L 的蓄能器，2 台蓄能器为并联设置。设置节流孔板来调整进入轴承前润滑油的油量。润滑油系统向 8 个轴承供油，仿真过程中用阻力元件代替轴承。仿真系统中还考虑弯头、三通、异径管、孔板、阀门等元件。

润滑油系统的主要设备包括：

（1）润滑油箱：用于存放润滑油的容器。油箱的容积符合 API 614 标准要

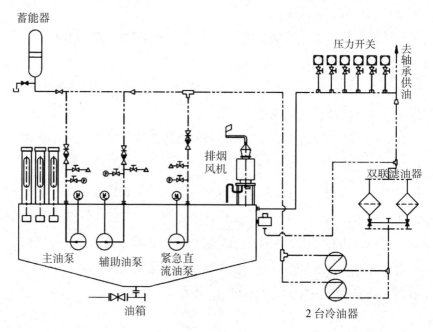

图 4-1　润滑油系统

求，其维持容量为 8 min 的正常流量，工作容量为 5 min 的正常流量。

（2）加热器（根据用户要求采用电加热器或蒸汽加热器）：机组开车前，应先对油箱中的油进行加热，当油温达到 22 ℃时，即可启动油泵，使油站做自身的油循环，以使油箱内的油加热均匀并提高加热速度，使整个油系统打循环直至油温达到 45±5 ℃。

（3）油箱排放阀：在油箱倾斜底板的最低端设有排放阀，用于油箱检修时放出油箱中的油液或作为油质检验时的取样口。

（4）润滑油泵：负责将润滑油从润滑油箱中抽取并送至各润滑点，以确保润滑油的循环供应。

（5）润滑油净化装置：用于过滤润滑油中的杂质和污染物，保持润滑油的纯净度和性能。

（6）润滑油冷却器：用于降低润滑油的温度，以防止润滑油在高温下失效。本系统中的冷油器为管壳式换热器，壳程走油，管程走水；进油温度为 65 ℃，出油温度不大于 49 ℃。

（7）润滑油蓄能器：在润滑油总管装有一组皮囊式蓄能器，用于维持润滑油压力稳定。

三、顶轴油系统

顶轴油系统的供油来自润滑油进油总管，也可在系统进油接管上增加支管用于机组临时运转或盘车（如找正）时使用。润滑油经油泵增压进入后序油管路，泵出口设置泄压安全阀以保证后序管线及系统配件的安全。增压后的润滑油经过单向阀、过滤器及分流调节单元后给各个支撑轴承供油。高压润滑油进入转子正下方的支撑轴承瓦块后，通过瓦块上的喷嘴流出。系统的供油压力可由压力控制阀整定，以达到系统设计压力。在每个调节支路设置有节流阀和流量计，用来调节进入各个供油支路的油量和油压。进入轴承的润滑油泄压后经过轴承箱排油至机旁润滑油回油总管。为保证顶轴油系统正式起作用，可将系统的供油压力作为机组盘车允许启动的运行条件。

（一）顶轴油系统的运行特点

顶轴油系统的主要设备结构包括顶轴油泵、顶轴油箱、顶轴油冷却器和相关管道。顶轴油系统的运行特点主要包括以下几点。

1. 顶轴油的循环供给

顶轴油系统将顶轴油从油箱中抽取，由顶轴油泵供给顶轴系统，再经过冷却后返回油箱，形成循环供给，以确保顶轴系统的正常工作。

2. 顶轴油的冷却

由于顶轴系统在工作过程中会产生大量的热量，因此需要对顶轴油进行冷却。顶轴油冷却器通过水冷方式将顶轴油的热量散发到外部环境中，以确保顶轴油在适当的温度范围内运行，防止过热造成设备故障。

3. 顶轴油的过滤

顶轴油系统通常配备有过滤器，用于去除顶轴油中的杂质和污染物，保持顶轴油的清洁度。这有助于延长顶轴系统的使用寿命，减少设备故障的发生。

4. 系统的稳定性和可靠性

顶轴油系统需要稳定可靠地运行，以保证整个机组的工作效率和可靠性。

因此，顶轴油系统的设备结构和运行特点需要经过合理设计和严格控制，以确保系统的正常运行。

（二）顶轴装置的组成

顶轴装置的外形简图如图 4-2 所示。

本装置主要由安装底座、电机泵组、泵出口组件、双联滤油器、前置泵组、分流器组件、连接管等组成。各部套的作用如下：

（1）油箱：贮存润滑油的容器，具有足够的容量。

（2）安装底座：液压元件的安装基础。

（3）电机泵组：为系统提供高压油，是系统的动力源，通过旋转产生负压，将油从油箱吸入，并将其压力增加后送入润滑点。

（4）泵出口组件：泵的出口部分，包括泵体、叶轮、泵盖、密封件等部件。泵出口组件是泵的重要组成部分，其性能直接影响泵的性能和寿命。

（5）双联滤油器：过滤油中的杂质和颗粒，保持油的清洁，防止污物进入泵体，对泵造成损坏。

（6）前置泵组：保证主油泵入口的油压大于 0.03 MPa。

（7）分流器组件：将高压油分配到各相轴承，通过其组件上的节流阀控制轴承的油量及压力。

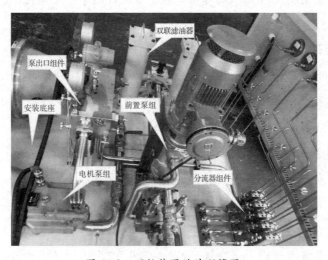

图 4-2 顶轴装置的外形简图

（8）油管路：用于连接油泵、油滤器、油冷却器和顶轴点，将顶轴油输送到需要顶起的轴承部位。

顶轴油为双路互换工作系统，在正常工作状态下，一路工作，另一路处于备用状态。当工作的一路系统因为故障或其他原因不能工作时，可立即启动备用系统。系统采用吸油过滤器，有效地保证了油液的清洁度。油泵采用进口的恒压变量柱塞泵，该泵具有高效率、低发热、低噪声、高压下连续运转性能可靠、无外漏、容积效率高等诸多优点。同时在电机和泵之间配置了高精度的连接过渡架及带补偿的联轴器，降低了整个油泵电机组的振动值、噪声，保证了系统整体性能的优良、可靠。

控制系统用于监测和调节空气透平顶轴油系统的工作。它可以监测顶轴的转速、温度和油液压力等参数，并通过控制阀来调节油液的流量和压力，以确保系统的正常运行。为控制 2 台泵的运行、切换和防止泵吸空损坏，在油泵的进出口管路上装有压力开关，当油泵入口油压不大于 0.03 MPa 时，油泵入口处压力开关接通（ON），表示吸入滤网堵塞或进油阀门未打开，需检查故障原因；当泵的出口管路油压不大于 7 MPa 时，出口管路上压力开关接通（ON），应启动备用顶轴油泵并检查原因。

在顶轴装置的仪表面板上安装有顶轴装置系统图中的 8 只压力表和泵前后及分流器各分出口的共 9 只压力开关。在现场实际操作时，可以方便地观察和记录数据。在双联滤油器前后各设有一个压力表，以监测其压差大小。

顶轴装置的吸油来源有两处：透平油主油箱和润滑油母管，润滑油母管压力为 0.2 MPa。其中透平油主油箱来油经过本装置的前置泵后出口油压在 0.2 MPa 左右，前置泵出口油和润滑油母管来油经过双联滤油器进入顶轴油泵的吸油口，经油泵工作后，油泵出口的油压为 18 MPa，压力油经高压过滤器进入分流控制块分配到各相轴承，实现顶轴目的。通过调整分流器的节流阀可控制轴承的油量及压力，使轴颈的顶起高度在合理的范围内。泵出口系统安全溢油压力为 20 MPa，由溢油阀调定控制。

第三节　系统调试

一、盘车系统

汽轮机盘车的意义在于确保设备的安全运行，延长设备的使用寿命，提高设备的运行效率和性能，节约资源，保障生产等。下面对盘车系统的投运调试工作进行详细介绍。

（一）盘车投运前需要确认的条件

（1）汽轮机处于遮断状态，主汽门、调门关闭，汽轮机转速为零。

（2）润滑油压大于 0.2 MPa，盘车装置控制盘相应信号灯亮。

（3）顶轴油母管压力正常，顶轴油压大于 12 MPa；1～7 号轴承顶轴油压均大于 3.43 MPa，盘车装置控制盘相应信号灯亮。

（4）若不在手动盘车位，则相应指示灯灭。

（5）确认发电机密封瓦已供油，密封油系统运行正常。

（6）确认仪用压缩空气系统投入。

（二）盘车投运需要注意的事项

（1）汽轮发电机组在启动前和停机后都需要投入盘车，任何情况机组启动前连续盘车时间应不少于 4 h。

（2）新安装或大修后的机组第一次启动盘车前应手动连续盘车确认主机无异常。

（3）盘车投运前确认主机的润滑油系统、顶轴油系统、密封油系统运行正常，确认汽轮机转速为零且喷油电磁阀动作正常。

（4）主机转子静止后投运盘车时，对汽轮机本体进行检查，确认汽机本体无异常且各瓦处顶轴油压值与最近一次安装调整原始值相符时，才能投运连续盘车。盘车时，应仔细进行听声检查。

（5）在轴封蒸汽投运前必须先通过盘车装置转动转子。

（6）如果有必要，那么可以使用手动盘车转动转子，此时顶轴油系统需投运。

（7）密封油系统停运时，禁止连续盘车。

（8）在 DCS 操作画面上投入盘车联锁备用，确认盘车联锁投入、盘车喷油电磁阀开启。

（9）盘车装置能使汽轮发电机组的转子从静止状态转动起来，正常盘车转速为 1.78 r/min，注意记录大轴的偏心。

（10）当机组转速小于 200 r/min 时，盘车喷油电磁阀打开。

（三）远方自动投入盘车需要进行的操作

（1）将盘车装置就地控制柜的控制方式切至"远方"位。

（2）将盘车装置就地控制柜的启动方式切至"软启动"。

（3）在 DCS 中投入盘车装置"联锁投入"按钮，点击"啮合"按钮。

（4）程序自动检查确认顶轴油压、润滑油压、密封油油氢差压正常，汽轮机零转速。

（5）检查喷油电磁阀自动打开，前后手动阀开启。

（6）检查啮合杠杆移动至中间位，检查盘车电机启动 1 s 后停运，盘车啮合杠杆啮合到位，啮合电磁阀动作，盘车啮合信号来，延时 15 s，盘车启动运行正常。

二、润滑油系统

首先，在进行润滑油系统调试之前，我们需要确保润滑油系统已正确安装和连接。检查润滑油箱、润滑泵和润滑油管道是否安装牢固，以及是否连接正确，要确保润滑油系统的管道没有堵塞或泄漏；检查润滑油的质量和油位。调试前检查阀门的开启情况，所有排放阀门应处于关闭，关闭冷油器水侧排水口，打开水侧放气阀，打开冷却水进、出冷油器口阀门，冷却水放气阀有水流出后，关闭放气阀。

其次，检查油泵驱动电机和油泄漏情况，启动任意一台交流润滑油泵，检查振动值、噪声、启动电流、负载电流及出口油压是否符合要求，检查冷油器润滑油流动是否正常，检查润滑油系统有无油泄漏。停止正在运行的交流润滑油泵，保证备用的另一台交流润滑油泵自动投入，检查振动值、噪声、运行指示是否符合要求。停备用油泵，启动任意一台交流润滑油泵，检查透平供油母管远端处和集装油箱仪表盘上各压力保护开关及压力表是否显示正常。停止交流润滑油泵，保证直流事故油泵（Emergency Oil Pump，EOP）自动投入，检查振动值、噪声、运行指示是否符合要求。检查润滑油压是否在 0.2~0.25 MPa，润滑油温度是否在 40~45 ℃。运行中，就地检查汽轮发电机组各轴承回油油流是否正常，温度是否小于 77 ℃，主油箱内油温应在 60 ℃ 以下。

最后，检查油烟分离器，开启任意一台排烟风机出口蝶阀，启动相应排烟风机，维持主油箱排烟风机运行正常，负压在 -200 Pa 左右，轴承回油畅通。检查振动值、噪声、启动电流、满载电流等是否符合要求，停排烟风机及关闭其出口蝶阀，开启另一台排烟风机出口蝶阀，然后启动排烟风机，检查振动值、噪声、启动电流、满载电流符合要求后，停排烟风机及其出口蝶阀。还要检查蓄能器充氮压力是否为设定值，若低于设定值，则应对蓄能器充氮到设定值。

当油箱内油温低于 20 ℃时，关闭冷油器的冷却水，加热油温，主油箱电加热器的电源应在使用前投入，使用完毕后即将加热器电源停电，防止电加热器误投运。待油温满足油泵的启动要求后，启动交流润滑油泵，开启排烟风机，强制润滑油系统进行循环。待油温达到 35 ℃后，停止电加热器（正常运行过程中严禁使用电加热器），开启冷油器冷却水阀，冷油器投入运行。轴承油压建立起后，透平机组即可进入冲转。在机组冲转后，应对未运行的油泵进行检查确认其处于备用状态。机组升速过程中，正在运行的交流润滑油泵应连续运转向各轴承供油。在机组正常运行时，需根据运行平台处润滑油母管的油温调整冷油器的水量，控制轴承进油温度在 40~45 ℃。通过调节溢油阀，维持各轴承进口油压在 0.16±0.02 MPa。

主机润滑油冷却器投运包括水侧的投运和油侧的投运。主机润滑油冷却器水侧投运操作如下：确认闭式水系统运行正常，闭式水至大机润滑油冷却水调节阀前后手动门开启，旁路门关闭，调节阀开启；检查冷油器进水门是否处于关闭位；开启冷油器水侧入口手动门后，水侧注水排空操作，当放气阀见连续水流后关闭放气阀；开启冷油器出水电动门；缓慢开启冷油器进水门；调节大机润滑油冷却水供水调节阀开度，保证冷却水压力正常。主机润滑油冷却器油侧投运操作如下：开启主机润滑油冷却器底部放油阀，放完积水后关闭；将主机冷油器润滑油换向阀切至中间位；开启主机润滑油冷却器注油阀和排空阀，对两台冷油器进行注油、放气。放气结束后，关闭排空阀；将主机润滑油冷油器油侧换向阀切至待投运侧，关闭注油阀。注意主油箱油位的变化；确认主机润滑油冷却器投运正常；机组运行时，备用主机润滑油冷却器必须注油、注水、放气完毕。备用主机润滑油冷却器水侧出水阀微开，进水阀关闭。

主机冷油器需进行切换时，要按以下步骤进行调试：关闭冷油器油侧管道放油门；打开冷油器的上下注油阀，确定备用冷油器油侧排空视窗无气泡且连续油流，充油结束；检查备用冷油器充满油后，投入备用冷油器的冷却水；将切换手轮解锁，转动切换手轮，同时密切监视供油温度和压力的变化，若有异常，则停止操作，恢复原状，分析原因；继续旋转切换阀，直至旋转不动时，将切换手轮上锁；使润滑油温维持在 40～45 ℃；正常后，关闭原运行冷油器冷却水进水门，原运行冷油器转入备用状态。与此同时，主机润滑油滤网切换时应注意主油箱油位、润滑油压力及温度的变化，确认备用主机润滑油滤网注油、放气结束。将主机润滑油滤网切换阀缓慢切至备用润滑油滤网位置，监视润滑油母管压力，一旦发现异常就停止切换。若需对原运行润滑油滤网进行清理，则确认注油阀、排空阀关闭，开启底部放油阀泄压放油完毕后关闭，通知检修处理。切换时为防止断油，可先启动直流油泵再进行切换。

润滑油系统停运前需要确认轴封、真空系统已经退出运行，确认汽轮机高压第一级进汽蜗壳内壁金属温度低于 150 ℃，停运盘车装置、顶轴油泵，停运润滑油系统。记录主油箱油位变化，特别是停运润滑油系统前主油箱油位偏高时，防止停运润滑油系统时主油箱溢油。然后停运主油箱排烟风机，若密封油系统不停运，则应将密封油系统切为自循环方式。润滑油系统停运后，若轴承金属温度有回升，则应立即启动交流润滑油泵，对轴承进行冷却，主机润滑油净化装置则根据需要停运。

三、顶轴油系统

汽轮机组的轴承设有高压顶轴油囊，顶轴装置所提供的高压油在转子和轴承油囊之间形成静压油膜，强行将转子顶起，避免汽轮机低转速过程中轴颈和轴瓦之间的干摩擦，减少盘车力矩，对转子和轴承的保护起重要作用。在汽轮机组停机转速下降过程中，防止低速碾瓦，运行时顶轴油囊的压力代表该点轴承的油膜压力，是监视轴系标高变化、轴承载荷分配的重要手段之一。调试时需保证其压力稳定，调高系统平稳性、安全性。

（一）调试顶轴油系统前应具备的条件及准备工作

（1）主机顶轴油系统所有设备、管道安装结束。

（2）热工仪表及电气设备安装、校验完毕。

（3）系统内各泵的电机单转试验结束，已确认运行状况良好，转向正确，参数正常，就地状态显示正确。

（4）各阀门开、关动作正常，阀门严密性良好。

（5）油冲洗所接的临时管道、堵头、临时滤网均已拆除，系统恢复至正常运行状态。

（6）系统内所有泵和电机轴承已注入合格的润滑脂，电机绝缘测试合格。

（7）润滑油箱清理结束，并已加入合格的润滑油，油箱油位正常。

（8）油冲洗结束，润滑油质经化验合格，需大于 NAS7 级[①]。

（二）透平机顶轴油系统调试步骤

（1）用手盘动联轴器，检查其转动是否轻快，同时赶出泵内空气。

（2）点动电动机，看电机转向是否正确，点动观察运转正常后，方可启动电机。

---

① 纳氏润滑油清洁度标准（NAS）是一种衡量润滑油中颗粒物含量的国际标准，主要用于检测润滑油中 1 μm 到 100 μm 直径颗粒物质的含量及分布，纳氏标准主要应用于对洁净度、颗粒含量要求苛刻的润滑部位，如精密液压设备、部分油润滑轴承、轮机等。纳氏标准分为多个等级，如 NAS1 到 NAS20，这些等级分别表示润滑油中颗粒物的数量，通常情况下，级别越高，颗粒物数量越少，润滑油的清洁度越高。

（3）启动电动机，检验其转动是否正常及装置运行中有无杂音及泄漏等情况。

（4）关闭汽轮机 7 个轴瓦上的节流阀和液压盘车顶轴油进油管道。

（5）确定大机顶轴油泵已经在停止状态，各轴承千分表已架好且已归零位。

（6）启动 A 顶轴油泵，顺时针分别旋转压力控制器的调节螺钉和溢油阀，整定出口压力为 20 MPa 后锁死，同样启动 B、C 泵整定（关闭出口手动门整定）。

（7）打开 A、B、C 出口手动门并逆时针旋转压力控制器的调节螺钉，整定出口母管溢流动作值为 17.5 MPa 后锁死。

（8）随机停止 1 台顶轴油泵备用，运行 2 台。

（9）开始打开各个轴承进顶轴油阀，整定顶轴高度为 0.05～0.08 mm，如 3 号轴承双侧进油，需将两侧顶轴油压力整定均衡；单侧进油的如 1 号轴承，则只看顶轴高度即可。

（10）在调试完成后停 1 台泵，再启动备用泵，重新观察各轴瓦的顶轴高度和进油压力，若基本和之前一致，则进行手动盘车试验，检查盘车是否顺畅。如发现数据偏差较大，则需重新调整。确认满足要求后，锁定分管节流阀，调试工作即完成。

第四节　常见问题及处理方法

一、润滑油系统

在润滑油系统的调试过程中，常见的问题和处理方法包括如下几点。

（一）油泵故障

主油泵为蜗壳型双吸离心泵，安装在前轴承的汽轮机转子上，与主轴刚性连接，主油泵出、入口连接法兰出现泄漏损坏，主油泵泵体叶轮损坏都会导致主油泵不出力，无法建立油压。交、直流油泵本身或电机出现故障，将直接导致润滑油系统无法正常运行，机组无法正常启动。

此时需要对润滑油系统的异常问题进行分析。检修人员要打开汽轮机前箱盖，对主油泵泵体、油路，以及连接处的法兰进行检查，确认是否存在损坏和泄漏等现象。在确认主油泵没有问题的情况下，再针对交流润滑油泵和直流事故油泵运行电流异常的情况，对交、直流油泵进行吊出检查，确认直流事故油泵的泵体和交流润滑油泵的泵体是否互相装反，导致交流润滑油泵大电机带小泵、直流事故油泵小电机带大泵，致使交流润滑油泵出口压力和母管压力低，两台泵运行时电流均异于额定值。

（二）注油器故障

润滑油系统中设有 2 个注油器，是整个润滑油系统的重要组成部分，在油箱中的注油器可以按其供油途径分为供润滑油注油器和供主油泵注油器，润滑油选用高质量、均质的精炼矿物油，正常工作时的油温为 35~45 ℃；在机组正常启动后达到额定转速时，注油器相继投入工作。

注油器一般在出厂前已经进行性能试验和调整，所以在电厂参与机组运行后一般不需要调整。供主油泵注油器和供润滑油注油器在结构上完全相同，主要由多孔喷嘴、扩散管、套筒、滤网等组成。压力油通过喷嘴高速喷出，在吸入室内形成一定的负压，油箱内的油在压差作用下流入注油器内，并在高速动力油的夹带下进到扩散管，在扩散管内动力油与吸入油充分混合，从而达到所要求的压力值及流量值。注油器的不稳定及滤网脱落等都会导致供油量不充足，从而导致主油泵入口处无法建立油压。

此时应对注油器进行检查，打开油箱注油器的上盖板，通过对注油器运行情况的观察，确认注油器运行正常；接着在机组停机的情况下，拆开溢流阀进行检查，发现溢流阀未存在异常问题；除此之外，对各供油管道进行检查，发现注油器至主油泵管道出口处因管道竖向铺设，逆止阀也安装于竖直管道中，且阀门较紧，导致注油器向主油泵供油时需要提供更大的压力以顶开逆止阀。

（三）溢流阀故障

溢流阀作为安全阀，主要用来调节润滑油供油母管压力，是保证压力管道、压力容器的关键安全应用保障，通过维持系统润滑油压力和流量的稳定，满足系统正常运行。在机组启动、并网和停机等变工况运行条件下，可以通过自动调节功能减小油压的波动，降低其对系统的冲击。溢流阀安装在油箱冷油器后的润滑油母管上，通过润滑油母管压力和阀自重等平衡来调整自身开度，当润滑油母管油压高于规定值时，在油压的作用下溢流口露出，油经溢流口回流至油箱从而达到泄油和稳定润滑油母管压力的作用。溢流阀一般采取垂直安装，阀前与冷油器出口的润滑油母管相连，溢油后直接排入油箱或无压力的回油管中。溢流阀卡涩或阀体损坏会导致无法溢油，从而无法实现机组润滑油系统的调压稳压。

（四）管道及滤网等问题

润滑油油管焊缝处泄漏和润滑油双联过滤器滤网堵塞都会导致油路不畅，造成油量不足，油压降低，影响润滑油油压和主油泵油压的正常建立，并且油路管道中如果漏入空气，就会导致管道产生剧烈振动。

（五）油质恶化，堵塞滤网，导致润滑油大量损失

润滑油油质突然变差可能会导致主油箱内的回油过滤器堵塞，造成大量润滑油无法通过过滤器转而溢出主油箱，损失大量润滑油。为防范这种事故，应该合理安排工作进程，提前对复杂系统进行总体分析，防止各个部门之间的工作发生冲突。多部门同时在同一系统工作时，应加强现场巡检。

二、顶轴油系统

在顶轴油系统的调试过程中，常见的问题和处理方法包括如下几点：

（1）顶轴油泵出口压力低，需检查备用油泵或危急油泵下游止回阀是否泄漏，止回阀泄漏会导致备用油泵或危急油泵出现如下现象：油泵旋转方向错误、油泵和止回阀之间形成油压。

（2）顶轴油泵母管压力低或波动较大，需检查母管溢流阀是否动作正常、顶轴油过滤器是否堵塞，并对油箱中的润滑油进行取样，检查润滑油中空气含量是否过高，影响油泵出力。

（3）整定顶轴油泵出口压力与母管压力时，切记出口压力为 20 MPa，母管压力为 17.5 MPa，出口压力比母管压力高，母管溢流阀一直动作，保证母管压力稳定。不可使出口整定值低于母管溢流阀整定值，将母管溢流当成防止

超压的保障，比如将出口压力整定为 17 MPa，母管压力整定为 19 MPa。因机组为液动盘车，非是电动盘车，故需顶轴油提供压力，否则一旦启动盘车，就会导致母管压力降低，从而影响整体轴瓦的顶起高度，可能造成轴瓦碰磨。

（4）若正常运行中油位突然下降，则检查管道是否有破裂、油箱是否完好；若油位上涨，则检查油箱中是否有积水，开启油净化装置，可使用底部放油口从油箱模块中排放积水（若排放过程中油位低于正常油位，则应及时加注油）。

（5）泵出口电磁阀失电，首次启动顶轴油泵时，如果发现油泵不出力，电流有示数但出口压力无示数，那么需现场确认泵出口电磁阀的带电情况，若失电，则需要更换电磁阀后才能恢复正常。

第五章　EH 油及调节保安系统

第一节　工作原理及系统介绍

一、EH 油系统

控制油系统的工作介质采用磷酸酯抗燃油，磷酸酯抗燃油具有自燃点高（一般大于 500 ℃）、抗燃性好、润滑性好的特点，被广泛用于汽轮机、燃气轮机等有高温热源设备的调节控制系统。

主机控制油系统（EH 油①系统）是一个全封闭定压系统，它提供控制部分所需要的动力、安全和控制用油。主机控制油系统由油箱、2 台 100% 容量的主机控制油泵、2 台循环泵、1 套再生装置、高压蓄能器、各种压力控制门、滤油器及相关管道阀门组成。系统的功能是提供数字式电调系统控制部分所需的压力油，驱动伺服执行机构，同时保持油质合格。正常运行时 1 台主机控制油泵运行，1 台备用。当再循环泵启动时，控制油冷却装置及再生装置也同步投入运行。控制油箱顶部装有空气滤清器，控制油系统呼吸时可以过滤空气中的水分和灰尘颗粒；控制油箱中还插有磁棒，以吸附油中游离的铁磁性微粒。

考虑系统工作的稳定性及其工作介质的特殊性，EH 供油装置采用了 2 台高压柱塞式恒压变量泵。变量泵根据系统所需流量自行调整，以保证系统的压力不变。采用变量式液压能源，减轻了蓄能器的负担，也减轻了间歇式能源特有的液压冲击，更有利于节能。2 台变量泵布置在油箱下方以保证油泵正的吸入压头，正常运行时油泵通过吸入滤网将油箱中的高压抗燃油吸入，油泵出口的压力可在 0～21 MPa 任意设置，一般机组 EH 油系统的工作压力为（14.0±0.5）MPa。油泵启动后向系统供油，油泵出口的压力油经高压过滤器通过单向阀及

---

① EH 油即 Electro-Hydraulic 油，亦称抗燃油，由磷酸酯组成，外观透明、均匀，新油略呈淡黄色，无沉淀物，挥发性低，抗磨性好，安定性好，物理性能稳定。

溢流阀进入蓄能器，和蓄能器相连的高压油母管将高压抗燃油送到各执行机构和超速保护及自动停机危急遮断系统。当油压达到系统的整定压力 14 MPa 时，高压油推动变量泵上的控制阀，控制阀操作泵的变量机构，使泵的输出流量减少；当泵的输出流量和系统用油流量相等时，泵的变量机构维持在某一位置；当系统需要增加或减少用油量时，泵会自动改变输出流量，维持系统油压在 14 MPa；当系统瞬间用油量很大时，蓄能器将参与供油。EH 供油装置采用双泵联锁工作方式，正常运行时，1 台油泵工作，另外 1 台油泵备用，以提高供油系统的可靠性。当汽轮机调节系统需要较大流量或由于某种原因系统压力偏低时，两台油泵同时投入工作，以满足系统对流量的需要。EH 油系统的主要特点如下：

（1）工作油压力高。

EH 油的压力一般在 13.4～14.5 MPa，压力高大大减小了零部件的尺寸，提高了汽轮机调节系统的动态特性。

（2）具有在线维修功能。

EH 油系统设备设有双通道功能，某些系统故障可以在线检修。

（3）对油质要求特别高。

（4）热稳定性能好。

抗燃油具有较好的抗燃性和热稳定性，但如果混入较多的水分及其他液体，就会大大降低抗燃性，加快抗燃油的老化。

二、调节保安系统

调节保安系统是高压抗燃油数字电液控制系统（DEH）的执行机构，可接受 DEH 发出的指令，完成挂闸、驱动阀门及遮断机组等操作。在机组运行中，为防止部分设备失常造成汽轮机严重损坏，设置有危急跳闸保护（Auto Stop Trip，AST）。在发生异常情况时，AST 使汽轮机危急停机，保护汽轮机的安全。危急跳闸系统监视汽轮机的某些参数，当这些参数超过其运行限制值时，该系统关闭全部汽轮机蒸汽进汽阀门。被监视的参数有：汽轮机超速、推力轴承磨损、轴承油压过低、冷凝器真空度过低、抗燃油油压过低。还提供了一个可接所有外部遮断信号的遥控遮断接口。另外，汽轮机还装有超速保护系统（OPC）。当电网全部故障发电机负荷较大幅度减少时，为防止汽轮发电机与电网解列后造成重新并网的困难，以及防止解列以后造成电网不稳定，超速保护系统使调节阀暂时关闭，减少汽轮机的进汽量及功率，待电网故障排除后再重新开启。

透平机调速系统是由测速元件（或测功元件）、放大元件、执行元件及调节对象（汽轮机转子）4 个部分组成的带负反馈的自动调节系统。该系统是通过测速元件（或测功元件）获得电气信号，通过 DEH 与给定信号做比较，若两信号不一样，则 DEH 对其进行计算、校验等综合处理，并将其差值信号经功率放大后送到调节阀油动机电液伺服阀，通过电液伺服阀控制油缸下腔的进、排油量，从而控制阀门的开度，同时与油动机活塞相连的直线位移传感器（Linear Variable Displacement Transducer，LVDT）将其指令和 LVDT 反馈信号综合处理后，使调节阀油动机电液伺服阀回到平衡位置，使阀门停留在指定的位置上。

第二节 主要设备的结构及运行特点

一、EH 油系统

EH 油系统的主要设备是 EH 供油装置，其主要功能是贮存和处理 EH 油，并为调节保护系统各执行机构提供所需的液压动力，驱动伺服执行机构，以调节汽轮机各蒸汽阀门的开度。同时，保持 EH 油的正常理化特性和运行特性。供油装置采用集装式，它由油箱组件、供油系统、独立式自循环冷却—滤油系统、回油系统、抗燃油再生装置和一些对油压、油温、油位进行报警、指示和控制的标准设备所组成。供油装置还留有接至水泵汽轮机和备用油源的接口。下面对 EH 油系统供油装置的结构进行详细介绍。

供油装置由油箱、油泵、控制块、滤油器、磁性过滤器、溢流阀、蓄能器、冷油器、EH 端子箱和一些对油压、油温、油位的报警、指示和控制的标准设备，以及一套自循环滤油系统和自循环冷却系统所组成。

（一）油箱

考虑到抗燃油的特殊性，EH 油箱一般选用 1Cr18Ni9Ti 不锈钢板焊接而成。油箱上设有人孔板，供今后维修清洁油箱时用。油箱上部装有空气滤清器，以确保油系统的清洁度。油箱中还插有 3 个磁性过滤器，以便吸附油箱中游离的磁性微粒。油箱下面有一个手动泄放阀和取样阀，以泄放油箱中的 EH 油和进行 EH 油的取样化验。油箱侧面装有磁翻板液位装置，用于液位的测量、当地显示、远程监视和液位高度的控制，装在导轨两侧的 4 个磁记忆开关可以任意调节。油箱底部的电加热器用于对 EH 油加热。

（二）油泵

系统工作时，交流马达驱动高压柱塞泵，通过油泵吸入滤网将油箱中的抗燃油吸入，从油泵出来的油经过压力滤油器通过单向阀流入高压蓄能器，与该蓄能器连接的高压油母管将高压抗燃油送到各执行机构和危急遮断系统。泵的输出压力可在 0~21 MPa 任意设置。本系统允许的正常工作压力设置在 11.0~15.0 MPa。油泵启动后，油泵以全流量约 85 L/min 的速度向系统供油，同时也给蓄能器充油，当油压到达系统的整定压力 14 MPa 时，高压油推动恒压泵上的控制阀，控制阀操作泵的变量机构，使泵的输出流量减少；当泵的输出流量和系统用油流量相等时，泵的变量机构维持在某一位置；当系统需要增加或减少用油量时，泵会自动改变输出流量，维护系统油压在 14 MPa。当系统瞬间用油量很大时，蓄能器将参与供油。

（三）溢流阀

溢流阀在高压油母管压力达到 17±0.2 MPa 时动作，起到过压保护作用。各执行机构的回油通过压力回油管先经过 3 μm 滤油器，然后通过冷油器回至油箱。高压母管上压力开关 63/MP、63/HP 及 63/LP 能为自动启动备用油泵和对油压偏离正常值时进行报警提供信号。冷油器出水口管道装有油箱温度控制器，油箱内也备装有油温过高报警测点的位置孔及提供油位报警和遮断油泵的信号装置。油位指示安放在油箱的侧面。

（四）蓄能器

油箱旁边安装有 1 个高压蓄能器，用于吸收泵出口压力的高频脉动分量，维持油压平稳。此蓄能器通过一个蓄能器块与油系统相连，蓄能器块上有 2 个截止阀，这 2 个阀组合使用，能将蓄能器与系统隔绝并放掉蓄能器中的高压 EH 油至油箱，对蓄能器进行试验与在线维修。

（五）冷油器

油箱旁边安装有 2 个冷油器，冷却水在管内流过，而系统中的油在冷油器外壳内环绕管束流动。冷却水由冷油器循环冷却水出口处的电磁水阀控制。

二、调节保安系统

调节保安系统是高压抗燃油数字电液控制系统（DEH）的执行机构，可接受 DEH 发出的指令完成挂闸、驱动阀门及遮断机组等操作。压缩空气储能机组的汽轮机调节保安系统按照组成可划分为低压保安系统和高压抗燃油系统两大部分。高压抗燃油系统即 EH 油系统，由液压伺服系统、高压遮断系统和 EH 油供油系统 3 个部分组成。

第三节　系统调试

一、EH 油系统

控制油系统启动。

（1）确认控制油箱液位处于高液位报警点附近。

（2）确认冷却水系统投入正常。

（3）确认控制油系统控制回路、电气回路投运正常。

（4）检查系统相关阀门处于正常运行状态。

（5）若控制油温低于 35 ℃，则启动循环泵和电加热器，将控制油温度升至 35 ℃以上；若控制油温高于 55 ℃，则打开控制油冷却器循环水进出口阀门，并启动循环泵。

（6）将 1 号控制油泵切至"投入"位置，启动后检查其出口压力维持在系统额定压力，并检查系统无泄漏。

（7）将 1 号控制油泵停运，同样的方法启动 2 号控制油泵。

（8）检查蓄能器压力表显示压力是否为系统的额定工作压力。

（9）缓慢打开控制油供油母管截止阀，控制油供至各装置，即可进行挂闸等操作。

二、调节保安系统

机组启动以前，进行调节保安系统冷态调试，具体内容如下。

（一）执行机构的调整

调整执行机构上行程标尺的零位对应于关闭位置；使汽机挂闸，开启执行机构，测量并记录各执行机构的最大行程，将该行程与设计值相比较；将汽门调整至关闭位置，配合热工调整磁致伸缩位移变送器。

（二）高、中压主汽门及调门的开启、关闭试验

检查各油动机的关闭位置；启动 EH 油泵，检查 EH 油压及油温应在正常范围内；使机组挂闸；用伺服阀专用测试仪或 DEH 指令开启或关闭油动机，观察油动机的开启和关闭情况，直至油动机全开或全关为止，观察油动机的开启情况。

（三）各阀门行程对应关系调整

将 EH 油系统投入正常运行，检查 EH 油压、油温是否正常，由热控专业人员进行各油动机行程对应关系调整，使各油动机在整个行程上均能被伺服阀控制，线性关系符合制造厂要求。

（四）手动脱扣试验

在机头处的手动停机机构或在控制室手动打闸停机，检查各汽门快速关闭是否正常。

（五）各汽门执行机构关闭时间测定

将各汽门位移传感器信号接至高精度录波仪上；启动一台 EH 油泵，检查并确认 EH 油系统运行正常；使机组挂闸；由热控人员配合，将各汽门全开；

将各位移传感器信号调整好，调整录波仪的采样速度及采集时间等参数；开始录波后，令操作人员在控制室手动打闸汽轮机；录波结束后保存好数据，记录好各汽门的关闭时间，各汽门关闭时间应符合规范要求，否则应查明原因，再次进行录波测试，直至合格。

（六）DEH 仿真试验

由 DEH 厂家配合，按机组启动、升速、暖机、做试验、并网带负荷、停机程序检查机组有关控制逻辑是否符合制造厂 DEH 设计的要求。

（七）机组 ETS 保护试验

按照设计院设计并经厂家及电厂确认的有关汽轮机跳闸保护系统（Emergency Trip System，ETS）的项目内容，进行 ETS 保护试验。

第四节　常见问题及处理方法

一、EH 油系统

EH 油系统的常见故障有水分升高、酸值增大、EH 油系统压力下降，ASP 油压报警；OPC 电磁阀阀体内漏；EH 油出口滤芯堵塞，差压异常。这些常见的现象均集中在供油装置上，主要是 EH 油的酸值、水分、颗粒度、电阻率的升高，温度过高及系统的压力摆动过大造成的。

（一）故障原因

1. EH 油压力波动

油中杂质将出口堵塞；油泵泄漏量过多或故障；油箱上部控制块上的溢流阀整定压力偏低；油泵调压装置失灵导致油泵出力不足；OPC、AST 油的进油管堵塞。

2. EH 油系统存在泄漏

伺服阀、卸荷阀（内漏严重时，油动机无法开启。内漏时大量压力油通过卸荷阀回到同油管道，产生大量的热使同油管道发热，因此通过检查回油管道温度可以判断卸荷阀是否内漏）、单向阀泄漏；油动机活塞杆磨损、腐蚀，密封件不严造成泄漏量增大；蓄能器内部皮囊损坏或回油管、OPC 回油放油门未关严；油管路焊口裂开造成泄漏。

3. 油位下降

低压蓄能器内部皮囊泄漏，造成蓄能器内充满油；密封元件损坏；油系统外漏。

4. 油箱油温升高

EH 油系统的正常油温为 $21\sim60$ ℃，运行中一般控制在 $38\sim60$ ℃。当 EH 油局部过热时，可能产生氧化或热裂解导致酸性增加产生沉淀，增加了颗粒污染；使电阻率降低；加剧了伺服阀的电化学腐蚀，使得伺服阀急剧损坏。油系统泄漏，也会造成阀门摆动。引起油系统油温升高的原因有：伺服阀、卸荷阀、安全溢流阀泄漏，蓄能器回油门未关严，造成高压油泄漏直接回到油箱。

5. 油质下降

在油系统检修及安装过程中留有残留物；密封件老化脱落；金属摩擦及管道的安装过程中所产生的金属屑进入油中；EH 油的酸性值增高。影响抗燃油酸度的因素很多，对于 EH 油系统来讲，主要是局部过热和含水率过高，使用环境的湿度大，使油中含水量大，造成酸值增加、电导率增大。

6. EH 油系统漏油

EH 油系统压力高，而且受到机组高频振动的影响，所以对 EH 油系统管道材质的选用及焊接工艺要求特别高。EH 油管道及油动机分布在高温区域，这样就造成了油动机密封元件老化，使得油系统泄漏。

7. 伺服阀的损坏

污染颗粒度及酸值的升高。伺服阀是一种很精密的元件，对油质污染颗粒度的要求很严，一般要求达到 NAS l638-5 级，酸值应不大于 0.2 mg KOH/g。抗燃油污染颗粒度增加，极易造成伺服阀卡涩，同时使阀芯磨损，导致泄漏急剧增加。酸值的升高对伺服阀部件产生腐蚀作用，特别是对伺服阀阀芯及阀套锐边的腐蚀，是使伺服阀泄漏量增加的主要原因。

8. 机组振动

汽轮机本体与汽门阀组相连，汽门阀组与油动机相接，EH 油管道与油动机相连，当机组振动较大时，振动会直接或间接传递到油管道系统，造成系统振动。

9. 油动机摆动

在输入指令不变的情况下，油动机反馈信号连续发生变化，造成油动机摆动。油动机摆动的幅值有大有小，频率有快有慢。产生油动机摆动的原因主要有以下几个方面：

①热工信号问题。

②伺服阀故障。

③阀门突跳引起的输出指令变化。

（二）改进措施

为应对以上问题，改进措施有如下几个方面。

1. 工作中要高度重视

EH 油系统是机组重要的调节保安系统，该系统的可靠性直接关系到机组的正常调节运行，极端情况下直接影响到电厂主设备和全厂的安全。另外，该系统非常精密，各项指标要求非常严格，我们在工作中必须高度重视，工作中的每个环节都要非常谨慎、细心、精确，不能出现差错和疏忽。

2. 解决机组振动的影响

通过现场检查，进行必要的试验，找出振动的源头，采取相应的措施来消除振动或减少振动损坏的影响。如果 EH 油系统振动是由机组振动、阀组振动引起的，那么要从根本上解决机组的振动问题，检查阀组的支撑和安装情况，消除振源。

3. 解决油动机的摆动问题

试验保证电磁阀的输入热工信号不受干扰，两支油动机的位移传感器避免发生干涉冲突，电路供电电压（Volt Current Condenser，VCC）卡的输出信号不能含有交流分量，电磁阀的信号电缆保证良好，不能发生接地等异常。要注意阀门的运行特性，在机组测功回路、协调控制系统（Coordination Control System，CCS）、一次调频和 AGC 投入的情况下，要避免阀门经常工作在开度—流量曲线较陡的区域，避免阀门频繁出现大幅度波动的异常工况。高低压蓄能器设计和安装布置合理，保证蓄能器正常投用，定期检测蓄能器的压力是否正常。当 EH 油管较长、阀门动作较为频繁、油压波动较大时，可考虑在适当的位置加装蓄能器。

4. 保证 EH 油系统的清洁

在执行检修工作时，要注意保持工作环境的清洁。进行 EH 油压力表/开关校验工作时，要注意防止矿物油混入 EH 油中。禁止使用四氯化碳、盐酸等含氯清洗剂。新安装的 EH 油管道和管件要进行吹扫冲洗。不锈钢管用高温低压蒸汽冲洗，进出口端反复冲洗几次，待管子冷却后用干净铁丝扎白绸布拉擦管子内壁，直到白绸布上看不见灰点为止；然后用胶布封口，外部再包一层塑料布防止灰尘进入干净的管内。对变径直通、角通、三通、接头等管件，全部用酒精清洗干净，用白绸布擦零件内表面，直到白绸布上看不见灰点，用塑料布包扎严密备用。焊接及探伤后，为确保管内无杂物，最好用高温低压蒸汽再冲洗一遍，然后用氮气吹扫，以确保管内洁净。

5. 严格控制油中的含水量

南方沿海地区空气湿度大，空气中盐分含量高，解决 EH 油中含水和氯的问题就特别重要。在 EH 油箱呼吸器上加装干燥器，保证干燥器的良好状态，可有效防止外部水分通过呼吸器侵入油箱，保证再生装置的正常连续运行，对装置的保护滤芯和工作滤芯的工作状态进行有效监督。

6. 防止油质劣化

要对 EH 油管道系统进行全面的测温普查，防止系统中由于对流或热辐射而存在局部的过热点。系统的管道布置要尽量离开高温设备，增加抗燃油的流动，尽量避免死油腔。机组停运后，不能马上停运抗燃油泵，以防止刚停运时汽机的高温造成部分残存在油动机组件里的 EH 油高温氧化和裂解。EH 油管尽量避免包扎保温材料。EH 系统正常的工作油温为 $35 \sim 55 \, ℃$，油温过高，会对油质的劣化产生不良影响。保持合适的自然通风，保证伺服阀的工作环境温度不超过 $80 \, ℃$。

> # 第三编　600 MW 机组整套启动试运
> # 及典型事故处理

第六章　机组整套启动试运内容

第一节　整套启动试运应具备的条件

整套启动试运阶段是从炉、机、电第一次联合启动时锅炉点火开始，到完成满负荷试运移交生产为止。

整套启动试运应具备下列条件：

（1）试运指挥部及各组人员已全部到位，职责分工明确，各参建单位参加试运值班的组织机构及联系方式已上报试运指挥部并公布，值班人员已上岗。

（2）建筑、安装工程已验收合格，满足试运要求；厂区外与市政、公交、航运等有关的工程已验收交接，能满足试运要求。

（3）必须在整套启动试运前完成的分部试运项目已全部完成，并已办理质量验收签证，分部试运技术资料齐全。主要检查项目有：

①锅炉、汽机、电气、热控、化学5大专业的分部试运完成情况。

②机组润滑油、控制油、变压器油的油质及六氟化硫（SF_6）气体的化验结果。

③发电机风压试验结果。

④发电机封闭母线微正压装置投运情况。

⑤保安电源切换试验。

⑥热控系统及装置电源的可靠性。

⑦通信、保护、安全稳定装置，自动化和运行方式，以及并网条件。

⑧储煤和输煤系统。

⑨除灰和除渣系统。

⑩废水处理及排放系统。

⑪公用系统。

⑫脱硫、脱硝系统和环保监测设施等。

（4）整套启动试运计划、重要调试方案及措施已经总指挥批准，并已组织相关人员学习，完成安全和技术交底，首次启动曲线已在主控室张挂。

（5）试运现场的防冻、采暖、通风、照明、降温设施已能投运，厂房和设备间封闭完整，所有控制室和电子间温度可控，满足试运需求。

（6）试运现场安全、文明。主要检查项目有：

①消防和生产电梯已验收合格，临时消防器材准备充足且摆放到位。

②电缆和盘柜防火封堵合格。

③现场脚手架已拆除，道路畅通，沟道和孔洞盖板齐全，楼梯和步道扶手、栏杆齐全且符合安全要求。

④保温和油漆完整，现场整洁。

⑤试运区域与运行或施工区域已安全隔离。

⑥安全和治安保卫人员已上岗到位。

⑦现场通信设备通信正常。

（7）生产单位已做好各项运行准备。主要检查项目有：

①启动试运需要的燃料（煤、油、气）、化学药品、检测仪器及其他生产必需品已备足和配齐。

②运行人员已全部持证上岗到位，岗位职责明确。

③运行规程、系统图表和各项管理制度已颁布并配齐，在主控室有完整放置。

④试运设备、管道、阀门、开关、保护压板、安全标识牌等标识齐全。

⑤运行必需的操作票、工作票、专用工具、安全工器具、记录表格和值班

用具、备品配件等已备齐。

（8）试运指挥部的办公器具已备齐，文秘和后勤服务等项工作已经到位，满足试运要求。

（9）配套送出的输变电工程满足机组满发送出的要求。

（10）已满足电网调度提出的各项并网要求。主要检查项目有：

①并网协议、并网调度协议和购售电合同已签订，发电量计划已批准。

②调度管辖范围内的设备安装和试验已全部完成并已报竣工。

③与电网有关的设备、装置及并网条件检查已完成。

④电气启动试验方案已报调度审查、讨论、批准，调度启动方案已正式下发。

⑤整套启动试运计划已上报调度并获得同意。

（11）电力建设质量监督机构已按有关规定对机组整套启动试运前进行了监检，提出的必须整改的项目已经整改完毕，确认同意进入整套启动试运阶段。

（12）启委会已经成立并召开了首次全体会议，听取并审议了关于整套启动试运准备情况的汇报，并做出准予进入整套启动试运阶段的决定。

第二节　整套启动试运内容

整套启动试运应按空负荷试运、带负荷试运和 168 h 满负荷试运 3 个阶段进行。

一、空负荷试运

（1）热工信号及联锁保护校验，机炉电大联锁试验。

（2）设备系统检查。

（3）启动辅助设备及辅助系统。

（4）盘车投运，汽机建立真空。

（5）汽动给水泵启动投入试运。

（6）锅炉上水冲洗。

（7）发电机充氢。

（8）引风机系统投入试运。

（9）锅炉点火、热态冲洗，按冷态曲线升温、升压达汽机冲转参数。

（10）汽机冲转前试验和准备工作就绪后，采用 DEH 的"操作员自动"方式，按冷态启动曲线开机：冲转→升速→摩擦检查→升速→定速前汽机电超速通道检查试验→汽机升速 3 000 r/min 定速→调节保安系统有关参数整定及调试。

（11）验证汽轮发电机组轴系的临界转速。

（12）检测汽轮发电机组各轴承及轴承处转子振动，必要时进行处理。

（13）汽机脱扣试验，汽机惰走试验。

（14）汽机挂闸再定速。

（15）锅炉升温、升压全面检查锅炉热膨胀情况。

（16）锅炉蒸汽严密性试验。

（17）汽机汽门严密性试验。

（18）测量发电机转子交流阻抗。

（19）进行并网前电气试验。

（20）在电网调度部门批准后，机组并网，汽机全面检查无异常后，机组带 20%负荷运行。

（21）测量发电机的轴电压。

（22）除灰、除渣系统检查试投入，为继续升负荷投制粉系统做准备。

二、带负荷试运

（一）机组带 30%额定负荷

（1）锅炉洗硅。

（2）投用高压加热器，低压加热器随机投用。

（3）制粉系统投运。

（4）凝结水视水质情况回收，投凝结水精处理除盐装置。

（5）制粉系统和锅炉燃烧初步调整。

（6）除灰、除渣系统运行调整。

（7）厂用电切换、气源切换试验。

（8）锅炉湿干态转换。

（9）试投炉膛负压自动控制和磨煤机温度自动控制。

（10）电除尘器投入（视烟温情况），加强炉膛和尾部及空预器的吹灰。

（二）机组带50％额定负荷

（1）试投入省煤器。

（2）锅炉洗硅。

（3）燃烧调整和制粉系统调整。

（4）全面系统检查，无大的异常后，锅炉进行等离子纯烧煤燃烧试验。

（5）投CCS。

（三）机组带75％额定负荷

（1）锅炉洗硅。

（2）燃烧调整和制粉系统调整。

（3）试投全部热控自动装置和系统并进行动态调整试验，切投试验。

（4）进行真空严密性试验（负荷大于80％）。

（5）加强炉膛和尾部及空预器的吹灰，炉膛吹灰系统投入试验。

（6）过热器安全门、再热器安全门调校。

（四）机组带100％额定负荷

（1）锅炉洗硅。

（2）制粉系统调整。

（3）燃烧调整。

（4）所有联锁、保护和自动装置应按设计投入，确认工作良好，否则应进行必要的完善工作。

（5）调整并确认机组运行参数符合设计要求。

（6）系统全面检查，在所有缺陷处理完毕、自动和联锁保护装置投入且工作正常的情况下，进行机组负荷变动试验。

（7）汽门活动试验，甩50％、100％负荷试验。

（8）机组RB试验。

（9）涉网试验（一次调频、AGC、励磁 PSS、发电机进相试验等）。

（10）根据机组和设备状况决定是否停机消缺。

三、168 h 满负荷试运

（一）进入满负荷试运

同时满足下列要求后，机组才能进入满负荷试运：

（1）发电机达到铭牌额定功率值。

（2）锅炉已停等离子助燃，纯燃煤运行。

（3）低压加热器、高压加热器已投运。

（4）电除尘器已投运。除灰、除渣系统已投运。

（5）厂用电系统能正常切换。

（6）锅炉吹灰系统已投运。

（7）脱硫、脱硝系统已投运。

（8）凝结水精处理系统已投运，汽水品质分阶段合格。

（9）热控保护投入率为100%。

（10）热控自动装置投入率不小于95%，热控协调控制系统已投入，且调节品质基本达到设计要求。

（11）热控测点/仪表投入率为100%，指示正确率不小于98%。

（12）电气保护投入率为100%。

（13）电气自动装置投入率为100%。

（14）电气测点/仪表投入率为100%，指示正确率不小于98%。

（15）168 h 满负荷试运进入条件已经各方检查确认签证、总指挥批准。

（16）168 h 连续满负荷试运已报请调度部门同意。

（二）满负荷试运结束

同时满足下列要求后，即可以宣布和报告机组满负荷试运结束：

（1）168 h 满负荷试运连续运行平均负荷率不小于90%，其中满负荷连续运行时间不小于96 h。

（2）热控保护投入率为100%。

（3）热控自动装置投入率为100％，热控协调控制系统投入，且调节品质达到设计要求。

（4）热控测点/仪表投入率为100％。

（5）电气保护投入率为100％。

（6）电气自动装置投入率为100％。

（7）主要仪表投入率为100％。

（8）汽水品质合格。

（9）机组各系统均已全部试运，并能满足机组连续稳定运行的要求，机组整套启动试运调试质量验收签证已完成。

（10）满负荷试运结束条件已经多方检查确认签证、总指挥批准。

达到满负荷试运结束要求的机组，由总指挥宣布机组试运结束，并报告启委会和电网调度部门。至此，机组投产，移交生产单位管理，进入考核期。

第七章　600 MW 机组启动试运典型事故处理（一）

第一节　主机问题及解决方法

一、轴封温度急剧降低

主机冲转过程中发现高、中压缸轴封温度急剧降低，同时 1 号轴瓦 X 方向和 2 号轴瓦 X 方向振动急剧增大，其振动值分别达到 177 μm 和 167 μm，打闸停机；打开轴封供汽所有疏水手动门，调历史趋势发现，高旁减温水于 17 时 22 分投入自动后，开度由 26％直接开至 100％，高旁阀后温度急剧下降 50 ℃，而此时轴封供汽辅汽压力不足，打开冷再至轴封供汽电动门，轴封由冷再供给，导致轴封温度快速下降。关闭冷再供轴封电动门，打开轴封供汽调门旁路电动门，增大轴封供汽压力，待温度逐步正常后，关闭所有轴封供汽疏水阀后，再次冲转，发现高压缸轴封和中压缸轴封有碰磨现象，将主机转速维持在 880 r/min 暖机，待机组各参数正常后升速至额定转速，振动正常。

二、大机停机惰走恢复启动中振动大

1 号机组在并网带负荷 25％暖机结束后减负荷至 28 MW 左右，因高排逆止门重锤脱落手动打闸解列，恢复高排逆止门重锤，机组转速惰走至 400 r/min 以下，再次恢复升速至 1 334 r/min 左右时，2 号轴振动值迅速升高至 250 μm 保护动作，机组跳闸，1、3 号轴振动值亦随着增大较快。经分析认为主要是由于机组经带负荷后，轴封已部分实现自密封，经减负荷解列后，轴封由辅汽供给温度降低，使高压汽封受到冷却，出现转子局部产生热弯曲变形，使轴封处出现动静摩擦，先反映在 2 号轴承振动上，使振动值迅速增大。经停机盘车状态消除转子热弯曲后，机组启动正常，振动正常。经对轴封供汽疏水系统进行改进，确保在机组自密封状态下轴封疏水处于热备用状态，在机组以后的启停过程中，机组各轴振动正常。

三、旁路门定位器问题

在某厂 3 号机组带负荷试运过程中，发现主汽压发生周期性波动（大约每 7 min 波动 0.5 MPa）。经检查发现高压旁路门周期性开启 1% 左右，然后立即关闭旁路后温度发生周期性波动，开门后温度达到 450 ℃，关门后 7 min 左右温度达到 420 ℃。经分析发现，主汽压波动是由高旁门的周期性波动引起的。由于旁路门定位器有问题，致使旁路门存在微小的泄漏，引起旁路后温度升高，当温度超过 450 ℃后，DCS 发快关指令，高旁门关闭。当高旁门完全关闭后，高旁后温度下降低于 420 ℃后，快关指令消失，旁路门微微开启，致使旁路存在内漏。目前给旁路增加了一个强关指令按钮，使旁路关严。停机后应检查旁路定位器，并对旁路的全开及全关行程重新定位。

四、再热汽温度偏低时的调整

WX 电厂 1 号机组在进入整套启动后，在整个启动过程中主汽温度和再热汽温度一直偏低，尤其在带到满负荷 660 MW 后，主汽温度一直偏低 10 ℃左右，再热汽温度一直偏低 40 ℃左右。采取降低炉膛热负荷和辐射吸热增加了对流换热的方法后，再热汽温度和过热汽温度有明显的改善。后对热工逻辑里关于过热度的计算方法进行了检查和核对，发现给 WX 电厂提供的过热度计算中关于饱和温度的计算与三菱同类机组提供的过热度计算方法有出入（从逻辑对比中看出），后根据其他现场关于过热度计算方法对过热度曲线进行了修正。通过以上各方面的调整和工作，在机组再次升至额定负荷时，过热汽温度和再热汽温度均有较大的提高，主蒸汽温度已达到设计值，且有较大的调节余度，再热蒸汽温度也能达到或接近额定值，但没有调节余度，从而解决了汽温偏低的问题。而在停机检查时发现再热器烟道和过热器烟道的中间隔墙有 2 m 左右未安装，使得在再热汽温度调整时手段受到限制。

机组在试运结束后对再热器烟道和过热器烟道中间 2 m 左右的隔墙进行了补装，机组再次启动带满负荷后，再热蒸汽温度已能达到额定值，且有较大的调节余度。

五、汽轮机控制油压下降

5 号机组试运过程中，控制油系统油压出现缓慢下降不能维持系统额定压力的情况，调试人员配合主机厂家及安装单位对控制油恒压阀进行了 3 次清洗及 2 次更换，在第一、二次更换恒压阀的过程中均发现恒压阀压缩弹簧与压块之间存在不同程度的磨损，故最终将恒压阀换成进口阀。更换成进口阀后，在机组 168 h 试运过程中，控制油压基本能够稳定在 4.10 MPa 左右，符合设计要求。

第二节　小机和电动给水泵问题及解决方法

一、汽动给水泵 A 泵推力轴承工作面温度高

机组带额定负荷时，推力轴承工作面温度偏高，达到 85 ℃，且仍有上升趋势，后调整进油溢流阀提高润滑油的进油压力，在主机达到额定负荷、小机转速为 5 300 r/min 时，该点温度稳定在 85 ℃，能满足运行要求。对比 B 汽动给水泵和 2 号机组泵体的相同点，分析认为汽动给水泵推力轴承本应只承担很小一部分轴向推力，大部分轴向推力由泵体平衡鼓来平衡，该点温度高是由于主泵推力平衡系统不好所致；建议 168 h 试运完成后，利用停机消缺机会检查泵体平衡系统。

二、小汽轮机冲转过程中振动大

在小汽轮机单体试运及带泵后的启动过程中，小汽轮机过临界转速时振动过大，甚至不能升速至额定转速。建议每次冲转在 1 000 r/min 暖机时，如果振动与以前能升速至 3 000 r/min 时的相同转速差不多，就可以升速；如果振动比相同转速大，那么应加长暖机时间。热态跳机后，如果条件允许，那么应立即冲转小机；如果条件不允许，那么应破坏真空，隔离轴封，做闷缸处理。

三、汽动给水泵汽轮机轴封冷却水回水不畅

3 号机组带负荷试运阶段，B 小机润滑油中发现大量水分，润滑油轻度乳化。经分析认为，B 小机轴封冷却水回水管道在接往凝汽器途中，为了绕行一根钢梁，有一个较大的 U 形弯。U 形弯的存在使得 B 小机轴封回水不畅，轴封冷却水进入小机润滑油中。后来对 B 小机轴封回水管进行了改造，该问题得以解决。

第三节　凝结水系统问题及解决方法

一、凝结水泵 A 泵停运后的抱死问题

带负荷整套试运期间，A 凝结水泵出力下降，疑为入口滤网脏污，停泵进行清理，工作完毕后变频启动，就地凝结水泵未运转，人工盘转子，亦不动，动静抱死。后吊出凝结水泵本体，发现其铜质密封环已与转子抱死，厂家分析认为有杂质进入致使，故更换 8 号机凝结水泵转子，同时在入口粗滤网内加装一道细滤网。12 月 15 日，A 凝结水泵重新变频启动，运行正常。12 月 19 日，A 凝结水泵入口滤网再次堵塞，停运进行清理，手盘凝结水泵转子，发现再次抱死，抽出转子，与 15 日现象相同，再次更换凝结水泵转子。20 日，工频启动 A 凝结水泵运行，运行正常。

二、再循环调节阀及管道振动问题

凝结水泵组在带再循环试运期间，最小流量管道剧烈晃动，曾造成焊口开裂泄漏。经多方讨论及调查分析后认为，原因在于：一是最小流量调节阀前后压差太大；二是再循环管道长、拐弯多，造成阀门及管道振动较大。采取措施：一是在最小流量再循环阀后加装节流孔板，降低阀前后压差；二是对再循环管道进行改造，减少不必要的弯头。经此改造后，凝结水泵带再循环运行管道及调节阀振动情况改善，能够长期稳定运行。

第四节　其他问题及解决方法

一、高旁阀在大量减温水投运后控制器故障

5 号机组启动前期，发现高旁阀在开度为 46% 的位置时远方操作不动，就地检查发现高旁阀控制器故障，且高旁管道存在低幅度高频振动。手动关闭高旁阀和高旁减温水后，管道高频振动现象消失。将高旁阀开启一定幅度而不投运减温水时，管道不发生振动。保持高旁阀开度，投入减温水后高旁管道出现振动现象，且随着减温水量的加大，管道振动加剧。由此断定是减温水投入引起阀体振动，导致阀门控制器故障。受安装空间所限，不能对高旁阀及其管道采取固定措施，只能将阀门控制器与阀体采取分置安装的办法。采取分置安装后，该问题得以解决。

二、精处理系统法兰漏水的问题

凝结水泵 A 工频运行过程中经常出现凝结水系统超压造成精处理系统法兰刺水无法运行的情况。造成这个问题的主要原因：一是凝结水系统再循环调门设计最小流量偏小，使系统憋压；二是精处理法兰垫子承压能力较低。

处理办法：一是启动 A 泵或者 A、B 凝结水泵并列运行时，将凝结水再循环旁路手动门打开一定开度；二是将精处理系统各法兰垫子更换成承压能力较高的金属缠绕垫子，并进行耐压试验。处理后问题得到解决。

第八章　600 MW 机组启动试运典型事故处理（二）

第一节　主机问题及解决方法

一、汽机盘车装置脱开不到位

机组热态冲洗完成后，汽轮机首次冲转，主蒸汽参数为 8.35 MPa/390 ℃，真空度为 −91 kPa，润滑油母管压力为 0.18 MPa，温度为 38 ℃。挂闸后中压主汽门开启，设定机组目标转速为 400 r/min，升速率每分钟 100 r/min，按"RUN"键，高压调速汽门和中压调速汽门开启，由高压主汽门控制转速，汽机开始升速。升速过程中检查主机盘车齿轮有碰摩声音，手动脱开盘车手柄，发现不能完全脱开到位，立即手动打闸并汇报试运指挥部，指挥部决定先做 400 r/min 摩擦检查，整个摩检过程未发现异常。停机后打开盘车装置，发现盘车手柄定位螺栓松动，对其进行了紧固并检查其他部件正常，盘车处理结束后盘车投入及脱开正常。

二、低压轴封温度问题

低压轴封减温水调节阀在全部关闭的情况下，减温水截止门只要微开，低压轴封温度就很快降到饱和温度，导致低压轴封减温水调节阀不能正常调节，在停机期间对减温水调节阀零位进行了重新校核，机组启动后仍然不能正常减温。在机组运行期间手动进行调节。建议 168 h 结束后停机对低压轴封减温水调节阀进行检查或在减温水截止阀处增加节流孔，并对其温度测点的布置进行检查，确认其是否合理。

三、机组首次启动过程中轴瓦温度高和盘车故障

2 号机组首次挂闸冲转，机组目标转速为 400 r/min，升速率为每分钟 100 r/min。当转子冲动后，盘车自动退出。22 时 03 分 10 秒开始，主机 6 号轴承金属温度 1、2 均迅速上升，03 分 58 秒，汽机打闸，此时汽机转速为 387 r/min，

6 号轴承金属温度 1 温度为 107 ℃，6 号轴承金属温度 2 温度为 89 ℃；汽机惰走至 385 r/min 时，6 号轴承金属温度 2 温度上升至 96 ℃，汽机转速为 380 r/min 时，6 号轴承金属温度 2 温度上升至 130 ℃；此后温度 1、2 均快速回落至 50 ℃以下。

汽机惰走至 190 r/min 后，4 号轴承金属温度 1、2 从 45 ℃开始爬升，转速为 172 r/min 时，4 号轴承金属温度 2 上升至 66 ℃，维持 30 s 后回落。22 时 13 分，转子惰走至零，投入盘车运行，盘车电流为 45 A，盘车电机电流突升至 85 A，过流跳闸，重新投入，无法盘动转子。锅炉灭火，破坏真空，停止轴封供汽，汽机闷缸，对发电机内氢气进行逆向置换。HQ 厂设计 3~6 号轴承顶轴油管进入轴承箱后经 2 个调整阀通过挡油板进入轴瓦，全面翻瓦检查后发现：顶轴油管与挡油板接口处未按照主机厂设计安装 "O" 形密封圈，导致轴瓦进口润滑油从该接口处泄压；检查顶轴油管路上的调整阀，均全开，启动顶轴油泵观察顶轴油量，顶轴油分支管均有进油，不存在节流问题；各轴瓦内部尤其是顶轴油囊均不同程度残留有杂质，各轴瓦发生不同程度的磨损、拉伤。对发生磨损、拉伤的各轴瓦进行了刮修，安装 3~6 号轴瓦顶轴油管与挡油板接口处的 "O" 形密封圈，将主机润滑油全部输送至厂房外净油箱，清理润滑油箱后倒回润滑油。

启动主机交流润滑油泵对系统进行冲洗，同时加强滤油工作。11 月 17 日，在 2 台顶轴油泵运行的情况下，全开 3~8 号轴承顶轴油分油门中的 1 个，依次单独大流量冲洗各轴承顶轴油管道。

同时拆吊出盘车装置，发现仍然无法盘动，将盘车大齿轮拆除后，仍然无法盘动，确定是盘车装置自身传动装置出现故障。进一步拆卸检查后发现，盘车装置传动蜗轮定位轴套磨损发热破裂，导致动静部分卡死。打磨更换轴套后，盘车装置运行正常。

11 月 18 日，2 号机组再次启动，在汽机冲转、定速和之后的整套试运过程中，汽机各轴瓦温度均正常、稳定。

四、主机润滑油油压低

主机交流润滑油泵试运时，发现其出口油压仅为 0.12 MPa，远远低于其额定出口压力 0.4 MPa。查看主机厂润滑油箱图纸，确定润滑油泵转向后，点动油泵电机，发现电机反转。改线后，重新启动油泵，其出口压力达到 0.4 MPa，油泵工作正常。但汽机平台润滑油母管压力仅为 85 kPa，进行系统检查发现，停运状态的高压备用密封油泵有倒转现象，1 号和 2 号射油器喉部压力与交流油泵出口油压相同，判断其出口逆止门未关闭严密，交流油泵出口压力油逆向通过射油器，通过同样未关闭严密的高压备用密封油泵出口逆止门，导致该泵倒转。将主油箱透平油排至检修油箱，仔细检查后发现，1 号和 2 号射油器出口逆止门由于转轴固定铁丝过长，卡住逆止门，导致两射油器出口逆止门不能严密关闭，高压备用密封油泵的出口逆止门也损毁。处理了以上缺陷后，油系统恢复运行，参数正常，但汽机平台润滑油母管压力仍仅为 90 kPa，在冷油器进出口加装压力表，发现其进出口压差达到 120 kPa。由于当时润滑油刚从检修油箱输送回主油箱，油温不到 20 ℃，因此判断是因油温低，黏度大，故导致通过冷油器的压损大——投入电加热运行，油温接近 40 ℃后，冷油器进出口压差减少到 80 kPa，汽机平台润滑油母管压力达到 100 kPa 以上，经 HQ 工代确认，可以保证机组正常运行。

五、低压轴封蒸汽温度调节困难

机组运行期间，低压轴封蒸汽温度调节困难。系统设计低压轴封温度测点距离喷水减温装置点只有 3 m 左右，该温度并不能反映低压轴封的真实温度，而且由于低压轴封管道布置的原因，该管道直管段很短，无法改变测温点的位置。当低压轴封处的温度在 150 ℃左右时，该点温度为 110 ℃左右，且该点温度变化不大时轴封处的温度已经大幅波动，自动无法投入。

故障处理方案：改变自动控制策略，用减温水调节阀控制低压轴封处的温度为 150 ℃，将低压轴封管道处的温度作为调节的前馈。控制系统做了修改后，低压轴封温度自动投入良好，低压轴封温度调节稳定。

第二节 小机及电动给水泵问题及解决方法

一、给泵机械密封磨损，循环液泄漏且温度高

2008 年 7 月 24 日 20 时 47 分机组并网带负荷，21 时 28 分 A 汽动给水泵挂闸冲转，21 时 38 分 A 汽动给水泵自由端机械密封泄漏严重，打闸；22 时整 B 汽动给水泵挂闸冲转，22 时 15 分 B 汽动给水泵驱动端机械密封循环液温度高，打闸。22 时 40 分 A 小机挂闸冲转，快速升速到 3 000 r/min 后正常。7 月 25 日 1 时 08 分 B 小机挂闸冲转，1 时 58 分 A、B 汽泵并列运行，A 泵出水端机械密封循环液温度为 68.24 ℃，泄漏量较大，B 泵进水端机械密封循环液温度为 76.77 ℃。

7 月 25 日 12 时 58 分办理工作票，进行更换 A 汽动给水泵自由端机械密封工作，拆卸 A 泵自由端机械密封后，发现其密封面磨损，分析给水中有杂质是造成磨损的原因。

2008 年 7 月 27 日机组启动，A 汽动给水泵工作正常，B 汽动给水泵驱动端泄漏量大，驱动端机械密封循环液温度增至 78 ℃，11 时 10 分 B 小机打闸，11 时 26 分 B 小机挂闸再次冲转；12 时 01 分 B 小机转速为 4 436 r/min，B 汽动给水泵驱动端机械密封循环液温度为 93.61 ℃，试运指挥部决定停机更换 B 汽泵机械密封：17 时 19 分 B 小机打闸，19 时 21 分大机打闸。7 月 28 日拆卸 B 泵驱动端机械密封，其密封面与 A 汽泵同样有磨损。同时 A、B 汽泵各增加一路机械密封循环液进水滤网和一路凝结水供机械密封液补充水，这样可以过滤密封液杂质以及机械密封再次发生泄漏之后降低密封液温度。

2008 年 7 月 30 日，机组启动，12 时 40 分 A 小机冲转，14 时 01 分开启 A 启动给水泵出口电动门，与电泵并列运行给锅炉上水，15 时 25 分自由端机械密封循环液温度高至 87 ℃，开启凝结水至机械密封循环液供水手动门，温度逐渐降低。17 时 15 分开启凝结水至 B 汽动给水泵机械密封循环液供水手动门，17 时 18 分 B 小机挂闸，18 时 55 分 B 汽泵与 A 汽泵并列运行，机械密封

循环液温度正常。

二、小机低压主汽门关闭缓慢

2008 年 6 月 25 日，B 小机润滑油油质为 NAS7 级，油质合格，15 时 20 分启动 B 小机润滑油系统，开启润滑油至保安油供油手动门，保安油压力为 0.70 MPa。远方挂闸，建立低压安全油和高压安全油，手动开启低压主汽门，MEH 强制开启低压调门，就地打闸，低压调门关闭正常，低压主汽门关闭过程长达 5 s。低压主汽门油动机进油由电磁换向阀控制，高压油通过一个节流孔进入油动机从而打开低压主汽门，而快速卸荷阀从油缸中卸去工作油使阀门关闭。经分析，小机打闸后，卸荷阀并未动作，低压主汽门依靠电磁换向阀动作，切断油动机的高压供油，同时将油动机中的油通过无压回油管道泄入 EH 油箱。2008 年 6 月 26 日，A 小机润滑油油质为 NAS10 级，油质不合格，不满足进入低压保安油系统的条件，因此采用仪用压缩空气代替低压安全油，进入薄膜阀上腔，使隔膜阀关闭。远方挂闸，建立高压安全油，手动开启低压主汽门，MEH 强制开启低压调门，远方打闸，低压调门关闭正常，低压主汽门关闭过程长达 5 s。

2008 年 6 月 28 日，拆卸并检查 A、B 小机低压主汽门卸荷阀，发现卸荷阀与低压安全油连接孔丝堵未拆，小机打闸后，外部低压安全油迅速泄去，但卸荷阀不能动作，油动机中的高压油只能通过电磁换向阀泄入 EH 油箱，不能迅速泄去，因此低压主汽门关闭缓慢。

6 月 29 日 19 时整，A、B 小机挂闸，进行低压主汽门关闭时间测定，A 小机主汽门关闭时间为 200 ms、B 小机主汽门关闭时间为 248 ms，满足设备厂家的设计要求。

三、给水泵汽轮机轴封温度过高

本工程小机轴封系统未设计减温器，直接从高、中压缸供汽管道引出。当轴封系统由辅汽供汽的时候，轴封温度在 270 ℃左右，对给水泵汽轮机来说，温度偏高，但还在允许的范围内；当机组轴封实现自密封后，高、中压轴封漏气，温度较高，直接供至小机轴封，导致小机轴封蒸汽温度过高，机组满负荷运行时该温度达到 350 ℃以上，为给水泵汽轮机的运行带来一定的安全隐患。建议给水泵汽轮机轴封蒸汽增设减温器，或者对给水泵汽轮机轴封供汽系统进行改造，从低压轴封供汽管道引出温度较低的蒸汽向给水泵汽轮机轴封供汽。

系统改造后，即可以通过减温器对给水泵汽轮机轴封蒸汽温度进行控制，或者可以直接使用 150 ℃的低压轴封蒸汽作为给水泵汽轮机轴封蒸汽。

第三节　其他问题及解决方法

一、高压备用油泵声音异常

高压油泵初次试转时声音很大，检查为高压油泵出口安全阀频繁动作，在回座时阀芯和阀座撞击发出很大的声音。系统停运后，将安全阀更换为截止阀，在泵启动后，用截止阀将泵的出口压力调整到 1.1 MPa，以满足系统运行要求。经过系统改造，高压油泵启动后声音正常。

二、机组真空低保护动作跳闸

12 月 22 日 22 时 15 分机组负荷 300 MW 运行，真空度突然下降，在 25 s 之内从-96 kPa 下降到-72 kPa，导致低真空开关动作，机组保护动作跳闸。经检查分析为误操作锅炉疏水箱至凝汽器调节阀引起真空泄漏所致。

锅炉的疏水泵出口有两路，一路经水位调节阀到凝汽器，一路经电动门排水至循环水塔。由于排水至循环水与主机润滑油冷油器回水汇合，影响主机润滑油温度，因此为了能排放疏水箱的疏水，就在电动门前接临时管道，经临时手动门排放到雨水井。当时疏水泵未运行，临时手动门在打开位置，而将疏水箱水位调节阀投入自动位置，且将疏水箱水位定值设低，疏水箱水位调节阀投自动后开启，通过临时手动门将大量空气吸入凝汽器，导致真空度急剧下降，引起机组跳闸。

故障处理方案：当锅炉水质合格疏水回收后，将临时手动门关死并加锁，操作锅炉疏水箱水位调节阀时一定要确认该阀门在关闭状态，以免影响机组的真空度。

第九章　600 MW 机组启动试运典型事故处理（三）

第一节　主机问题及解决方法

一、EH 油伺服阀卡件损坏

冲机前，EH 油压一直降低，直至联启备用泵。EH 油母管压力降低后，切换至另一台 EH 油泵运行，油压不能恢复，判断系统在泄油。就地检查溢流阀正常，泵出口压力正常，管道无泄漏，最后发现中压调门处有泄油声音，停泵检查，发现伺服阀卡件损坏，伺服阀一直在泄油。更换卡件后，EH 油母管压力正常。

二、轴承油挡漏油

试运期间 4 号、5 号轴承处油挡漏油，调整主机润滑油压力至 0.14 MPa，同时将主机润滑油油箱负压调整后，5 号轴承油挡不漏油，4 号轴承还有轻微滴漏。经停机处理后，4 号轴承油挡漏油问题解决。

三、高、低压加热器水位计问题

高、低压加热器水位均为压差式变送器，且没有隔离灌水阀门，在机组启动初期，高、低压加热器刚投入时，水位无法正确显示，须待液位罐正压侧凝结后才可显示。因此，加热器投运后应严密监视就地水位，严防高压加热器满水进入汽轮机造成重大恶性事件的发生，注意水位保护联锁的投入。在有条件时应对系统进行改造，改换成雷达液位计或增加水位变送器灌水隔离措施。

第二节　辅机问题及解决方法

一、真空系统问题

（1）在试运过程中，真空泵入口滤网多次发生堵塞，导致真空泵出口压力下降，影响凝汽器真空度及机组正常运行。多次清理滤网后，真空泵出口压力正常。

（2）在机组冲转及空负荷的情况下，出现了凝汽器 A 侧真空度偏低（-92 kPa）、B 侧真空度高（-94 kPa）的现象。

全面检查 A 侧凝汽器真空系统，对几处较大漏点进行封堵后，两侧真空度最高能到-95 kPa/-96 kPa。随着带负荷试运时间的增加，A 侧凝汽器真空下降，且机组负荷越高，A 侧凝汽器真空度越低，影响机组带满负荷试运。在空负荷和 50%、85% 额定负荷工况下分别进行真空严密性试验，两侧凝汽器真空严密性均合格。排除了系统泄漏造成真空度偏低的原因，最终认为是 A 侧凝汽器换热效果较差导致真空度随着负荷升高而降低。连续投入循环水二次滤网并提高凝汽器入口循环水压力，投入胶球清洗系统后，真空并未有明显改善。停机对 A 侧凝汽器进行检查，发现 A 侧凝汽器凝结水联通管道入口滤网堵塞，造成 A 侧凝结水水位偏高淹没了部分钛管，导致 A 侧凝汽器高负荷时换热效率降低。

经清理滤网后，机组满负荷运行时 A 侧真空度正常，在-96 kPa 以上。

二、高排通风阀卡涩

在机组冲转及带负荷试运过程中，高排通风阀多次发生卡涩，影响机组试运。在一次冲转过程中，由于高排通风阀卡涩不能开启，导致高压缸排汽温度高，保护动作跳机。经试运指挥部研究决定，将高排通风阀一直开启，关闭高排通风阀后手动截止阀，需要开启时手动开启截止阀。经过安装单位多次处理，该问题一直不能彻底解决。需要联系阀门厂家到现场进行解体检查。

三、循环水系统回水不畅

两台循环水泵运行时，虹吸井和排水井回水不畅，造成虹吸井和排水井海水大量外溢，并将虹吸井水泥盖板冲掉，砸坏井外的排水管道。循环水回水动力是靠虹吸井与排水井、排水井与海平面之间的液位静压差来实现的。经有关单位核算，认为虹吸井和排水井容积偏小，循环水回水管道通流截面积设计偏小，且流程过长，沿管线流阻过大，系统运行时虹吸井与排水井、排水井与海平面之间的液位静压差产生的动力不足以完全克服系统阻力和排水要求。为使系统运行时虹吸井与排水井、排水井与海平面之间能产生足够的静压差，在现场条件下只能将两处井沿加高。最后将两处井沿分别加高 2.5 m、1.5 m 后该问题得以解决。